Die Holzwegbrücke in Mannheim-Friedrichsfeld, eröffnet am 8.4.1903, bemessen für eine Dampfwalze von 23 t, kurz vor dem Abbruch im Jahr 1999; darunter eine "Badische IV h", eine 4-Zylinder-Dampflokomotive Baujahr 1919, vor einem historischen Sonderzug auf der Fahrt von Mannheim nach Heidelberg.

H. G. Schmidt

DIE GESCHICHTE VON EINER ALTEN BRÜCKE

oder:

Opa, was macht ein Bauschinör ?

Dr.-Ing. Heinz-Günter Schmidt
Allmendweg 13
68526 Ladenburg

Die Deutsche Bibliothek – CIP-Einheitsaufnahme

Ein Titeldatensatz für diese Publikation ist bei
Der Deutschen Bibliothek erhältlich

ISBN 3-433-01619-4

Gesamtherstellung: Havel Spree Verlagsservice, Berlin

Printed in Germany

Über den Verfasser

Ich heiße Heinz-Günter Schmidt. Wie ich aussehe, ist unwichtig – eher, daß ich Bauingenieur bin, spezialisiert auf Baugrundfragen. Deshalb nannten mich meine Kollegen zur Unterscheidung von meinen Namensvettern den "Dreckschmidt." Für Laien bin ich mehr so eine zweifelhafte Kreuzung zwischen Architekt und Geologen. Auch meine Familie ist darin nicht viel schlauer, denn ich war immer zu mundfaul, um ihr von meinem Beruf zu erzählen. Überhaupt haben meine Kinder mir nicht grade viel zu verdanken – bis auf eine sehr liebevolle Mutter. Aber selbst das ist weniger mein Verdienst und stand eher unter dem Motto: Auch ein blinder Hahn stolpert irgendwann über ein geduldiges Huhn!

Aber jetzt gehe ich (mit 65) in Rente und habe etwas mehr Muße – und 3 Enkelkinder, die mir viel Freude machen. Vielleicht sollte ich denen etwas von meiner Arbeit erzählen – oder schreiben, denn das konnte ich immer besser. Von Hand. Ich weiß, exotisch, aber ich mag keine Computer. Vielleicht gefällt Ihnen das Buch trotzdem! Wäre schön – denn ich bin am Umsatz beteiligt!

P. S.: CAMILLE;
noch 'ne Tochter
meiner Tochter!

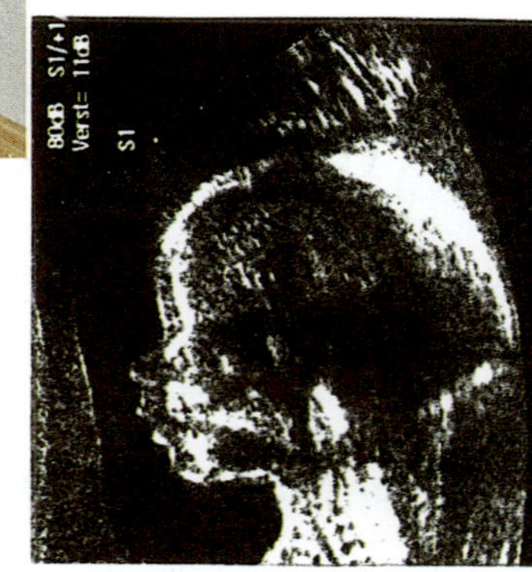

TORBEN TIMO

und

ELIN

...die Söhne meines Sohnes und die Tochter meiner Tochter.

Einleitung - oder: Was macht ein Bau-Schinör?

Opa Heinz-Günter, was machst Du? - Ich bin faul!

Warum bist Du faul? - Weil ich 39 Jahre gearbeitet habe, und jetzt etwas ausruh'.

Was hast Du gearbeitet? - Ich war Bauingenieur.

Was macht ein Bau-Schinör? - Bauingenieure sorgen dafür, daß

- Du in einem Haus wohnst, wo Du schlafen, essen, 'rumtoben und das Treppengeländer 'runterrutschen kannst;
- Wasser aus der Leitung kommt, wenn die Mutti Dich in die Badewanne steckt, weil Du wieder wie ein Ferkel nach Hause gekommen bist;
- Dein Pipi aus dem Klo abläuft und nicht drinbleibt und 'rumstinkt;
- Du einen festen Weg hast, wenn Du zum Kindergarten gehst, und nicht in der Matsche steckenbleibst, wenn es regnet;
- Straßen da sind, wo Du mit "Papa" und "Mama" im Auto 'rumfahren kannst, und ein Bahnhof mit vielen Schienen und Brücken, wenn Ihr mit der Eisenbahn in Urlaub fahren wollt!

Das macht alles der Bau-Schinör? Wie macht der das?

Ja, wie macht der das?! Das ist garnicht so einfach zu erklären! Weißt Du was? Ich erzähle Dir am besten die Geschichte von einer alten Brücke, die ich gut kenne: Wann sie gebaut wurde, wie sie in diesem Jahr umgebaut wurde, was ich dabei alles gesehen habe, und warum das so gemacht wurde. Dabei lernst Du, was ein Bauingenieur so alles macht.
Allerdings wird das eine ziemlich lange Geschichte, und deshalb muß ich sie in Stücke teilen, wie bei einem großen Kuchen. Den darfst Du auch nicht auf einmal essen, weil er Dir sonst aus den Ohren wieder 'rauskommt, und weil Du dann Bauchschmerzen kriegst! Bei der Geschichte heißen diese Stücke: Kapitel. Und wie jedes Kuchenstück einen Namen hat, z. B. Apfelkuchen, Marmorkuchen, Schmandkuchen oder Pflaumenkuchen, damit man schon vorher ungefähr weiß, wie er schmeckt, und sich das richtige Stück aussuchen kann, so soll auch jedes Kapitel einen Namen bekommen, damit man gleich weiß, was drinsteht. Das heißt dann Überschrift, weil es oben drübergeschrieben wird. Und dann kriegt jedes Kapitel noch eine Nummer. Und jetzt fangen wir mit dem ersten an.

1. Kapitel: Eine Brücke wird alt

Der Opa wohnt in Ladenburg und hat in Mannheim gearbeitet. Im Sommer ist er immer mit dem Fahrrad zur Arbeit gefahren, weil das ein schöner Weg war, immer am Neckar-Kanal entlang, wo die Flußschiffe fahren. Aber im Winter war es morgens und abends stockduster, deshalb hat er sich lieber in den Zug gesetzt. Siehst Du den Zug? Er fährt gerade unter einer Brücke durch. Das ist die Brücke, von der ich Euch erzählen will.

Früher, als die Brücke noch jung war, sind schwer beladene LKWs drübergefahren, und die Brücke hat sie mühelos getragen. (Wie Euer Papa, der kann sogar die Mama auf die Schultern nehmen). Als die Brücke älter wurde, wurde sie auch schwächer, und es durften nur noch Autos drüberfahren, wie Ihr eins habt. Aber bald wurde auch das für die Brücke zu viel, und jetzt wurde sie nur noch für Fußgänger, Radfahrer und Reiter freigegeben. (Wie der Opa: Der kann Dich noch auf die Schulter nehmen, weil Du viel leichter bist, als die Mama. Aber der Opa stöhnt und ächzt dabei, und die Kniegelenke knirschen).

Siehst Du die beiden Mädchen, die dort mit ihren Ponys über die Brük-ke geritten kommen? Ein Pony hat gerade was fallen lassen, mitten auf die Brücke.
Was für ein beschissenes Leben,

denkt die Brücke. (Wie der Uropa, der Papa vom Opa, der nun schon 93 Jahre alt ist, klein, krumm und schrumpelig geworden ist, und am Morgen keine Lust hat aufzustehen. Und tragen kann

er gar nichts mehr).
Nur ein Hund, der auf einmal angelaufen kommt, findet das lustig, schnuppert an den Pferdeäpfeln, und probiert, ob er sie fressen kann. Macht man sowas? – Dann läuft er mit seiner schmutzigen Nase weiter.

Aber die Brücke will nicht mehr und kann nicht mehr, und eines Tages, als der Opa mit seinem Fahrrad drüberradeln will, steht dort ein Schild: Die Brücke ist gesperrt, für alle. Aber warum wurde sie denn überhaupt gebaut?

2. Kapitel: Warum die Brücke gebaut wurde

Früher hatten die Leute noch keine Autos und keine Eisenbahn. Wenn sie schwere Lasten wie Holz, Kartoffelsäcke oder Bierfässer wegfahren wollten, mußten sie alles auf einen großen Wagen laden und zwei Kühe oder Pferde davorspannen, damit die den Wagen wegzogen. Dazu haben sie Wege aus Sand oder Straßen mit Steinpflaster gebaut, damit die Räder von den schweren Wagen nicht im Boden steckenblieben und die Pferde schneller vorwärtskamen. Und dann hat ein kluger Mann, auch ein Ingenieur, ein Maschineningenieur, die Dampflokomotive erfunden. Die konnte nicht nur einen, sondern gleich 10 oder noch mehr Wagen ziehen, und das viel schneller als Kühe oder Pferde. Aber zum Fahren brauchte sie Schienen, und diese Schienen kreuzten die Wege.

Diese Kreuzungen waren sehr gefährlich. Schau Dir mal mein erstes Modell an. Auf dem Feldweg kommt ein Leitenwagen mit 2 Kühen davor und dem Kutscher, der die Kühe lenkt. Und auf den Schienen kommt eine kleine Dampflok. Wenn der Leiterwagen jetzt auf die Schienen fährt, gibt es ein großes Unglück. Denn die Lok kann nicht einfach anhalten. Auch wenn der Lokführer sofort bremst – die Lok hat so viel Schwung, daß sie weit über die Kreuzung hinausfährt, bis sie endlich zum Stehen kommt. Sie hat einen langen Bremsweg, sagt man. Und wenn jetzt der Leiterwagen gerade auf den Schienen steht, dann wird er über den Haufen gefahren, und der Wagen ist kaputt, die Kühe sind tot, und der Kutscher auch. Das wäre ein schlimmer Unfall.

Deshalb muß der Kutscher gewarnt werden, damit er vor den Schienen wartet, bis die Lok oder der Zug vorbeigefahren ist. Deshalb steht neben dem Weg vor den Schienen ein Warnzeichen, ein Kreuz (vielleicht kannst Du es erkennen, über den Kühen), damit der Kutscher weiß: Da kommt ein Bahnübergang. Und für den Lokführer steht neben dem Gleis ein großes Schild, das kannst Du bestimmt erkennen. Da sind 2 Buchstaben drauf, ein L und ein P. Das heißt: Läuten und Pfeifen. Auf der Lokomotive sind eine Glocke und eine Pfeife montiert, und wenn der Lokführer an 2 Hebeln zieht, dann fängt die Glocke an zu läuten und die Pfeife an zu pfeifen. Da weiß der Kutscher: Jetzt kommt eine Lok, und ich muß warten. Wenn er das dann auch wirklich macht, geht alles gut.

Aber nun gibt es ja so ungeduldige und unvernünftige Leute, die nicht warten können; und wenn die hören, da kommt ein Zug, meinen sie, daß sie trotzdem noch schnell über die Schienen fahren können - wie Leute, die bei Rot über die Straße laufen. Machst Du sowas auch? Der Zug ist viel schneller da, als der Kutscher gedacht hat, und dann krachte es. Das ging so nicht weiter, und deshalb wurden Schranken gebaut.

Schau Dir mal mein zweites Modell an! Diesmal kreuzt eine Straße die Schienen. Siehst Du die Pflastersteine? Der Bahnübergang ist gerade gesperrt, durch 2 dicke Stangen, die rot und weiß angemalt sind, damit man sie schon von weitem erkennt. Deshalb muß der Pferdewagen mit den vielen Bierfässern stehenbleiben, ob er will oder nicht, und warten, bis die Lok vorbeigefahren ist, und die Schranken wieder hochgehen und die Straße freigeben.

Früher wurde jede Schranke von einem Mann bedient, dem Schrankenwärter. Der saß in dem Häuschen und hatte ein Telefon. Immer, wenn ein Zug angefahren kam, bekam er einen Anruf und mußte schnell nach draußen gehen und an einer großen Kurbel drehen, bis die Schranken unten waren. Und wenn der Zug durchgefahren war, mußte er die Schranken wieder hochkurbeln. Da kam er ganz schön ins Schwitzen. Unser Schrankenwärter hat sich gerade einen Kasten Limonade auf die Bank am Haus gestellt, weil er Durst hat.

Wenn zwischen den Schranken 2, 3 oder noch mehr Gleise liegen, dann kann es passieren, daß ein Zug nach dem anderen kommt. Dann bleiben die Schranken sehr lange unten, und auf der Straße bilden sich lange Schlangen von Wagen, die alle nicht weiterkönnen. Es gibt einen Stau. Und die Kutscher fangen an zu schimpfen und zu fluchen, weil sie so lange warten müssen. Schimpfen Dein Papa und Deine Mama auch, wenn sie mit dem Auto in einen Stau kommen? Der Opa schimpft immer, besonders wenn andere Autos sich vordrängeln wollen. Und als die Schimpferei zu arg wurde, da wurden die Schranken durch eine Brücke ersetzt. Das ist das 3. Modell.

Die Brücke muß so hoch liegen und so lang sein, daß der Zug unten drunter durchfahren kann. Die Autos brauchen nicht zu warten und fahren oben drüber. Damit sie auf die Brücke hinauffahren können, fehlen noch Rampen. Die habe ich im Modell weggelassen, denn jetzt sehen wir uns die große Brücke an!

3. Kapitel: Was es an der alten Brücke alles zu sehen gibt

Wenn wir zu der alten Brücke wollen, müssen wir zur Garage gehn, ins Auto steigen, uns anschnallen, und ein Viertelstündchen fahren. Wir machen einen kleinen Umweg und steigen erst einmal auf der Nachbarbrücke aus. Manche Kinder spucken ja runter und versuchen, den Zug zu treffen. Und wenn dann gerade eine alte

Dampflokomotive durchfährt, die ordentlich qualmt, dann sind sie ganz schwarz im Gesicht und riechen wie ein Grillwürstchen. Macht ihr auch sowas? – Aber jetzt seht lieber mal 'runter!

Eine Menge Gleise! Zähl' mal! Links, auf den rostigen Schienen, fahren Güterzüge. Rechts, die blanken Schienen, das ist die Hauptstrecke. Grade kommt ein Personenzug von Heidelberg und fährt nach Mannheim. Dort, wo grade der Zug fährt, zweigen die Schienen nach Ladenburg ab – und ganz hinten, da ist unsere Brücke! Da fahren wir jetzt hin!

Die Brücke ist so lang, daß der Opa 3 Bilder zusammengeklebt hat. Das Wichtigste an der Brücke ist der Bauteil, der über die Gleise rübergebaut ist. Deshalb heißt er auch ÜBERBAU. Unsere Brücke hat sogar 2 verschiedene Überbauten, einen langen, über viele Gleise, mit einem Bogen oben drüber, und einen kurzen, über 2 Gleise, der oben grade ist. Siehst Du den Unterschied? Beide sind aus Stahlstäben zusammengebaut, deshalb sind es Stahlbrücken, und zwar Stahlfachwerkbrücken.

Ein FACHWERK ist einfach ein Gerüst aus Holzbalken, oder aus Stahlträgern. Die Löcher dazwischen heißen Fächer, wie beim Regal. Beim nächsten Besuch zeige ich Dir ein Fachwerkhaus, oder Dein Papa zeigt Dir eins. Dort sind die Fächer zugemauert, damit es nicht ins Bett regnet, und der Wind nicht die Suppe

aus dem Teller pustet. Aber bei der Brücke bleiben sie offen. – Dort, wo verschiedene Stäbe zusammenkommen, ist ein KNOTEN. Die Stäbe sind dort durch ein Blech miteinander verbunden, wie zwei Schnüre durch einen Knoten. Die Stäbe waren 'mal grün angestrichen, Reste von der Farbe kannst

Du noch erkennen. Aber die meiste Farbe ist schon lange abgeblättert. Deshalb wird das Eisen naß, wenn es regnet. Dadurch fängt es an zu rosten. Auch der Rost blättert ab, und so wird der Eisenträger immer dünner. Am Ende kann die Brücke kaum noch mehr tragen als ihr eigenes Gewicht. Wie der Uropa.

Um das Gewicht für die Brücke etwas leichter zu machen, wird schon die Fahrbahn abgebrochen. FAHRBAHN heißt die Straße auf der Brücke. Wir können jetzt gut erkennen, wie sie aufgebaut ist. Zuoberst liegt eine Betonplatte als Verschleißschicht. Die muß besonders hart sein, weil die Räder drüberrollen und die Hufeisen von den Pferden dran rumkratzen. Eine weiche Schicht wäre ganz schnell weggeraspelt.

Die Betonplatte liegt auf einer Sandschicht, und der Sand liegt wie in lauter Blechschüsseln. Diese Bleche heißen wegen ihrer Form "Buckelbleche". Und wo liegen die Buckelbleche drauf? Da müssen wir uns die Brücke mal von unten ansehn! Komm' mit runter, und leg' den Kopf in den Nacken!

Sieh' mal die Bleche! Überall, wo Wasser abgelaufen ist, rund um die Ränder, ist das Eisen mehr oder weniger weit verrostet. Die Bleche liegen auf schmalen Stahlträgern, die dieselbe Richtung haben wie die Brücke, deshalb heißen sie LÄNGSTRÄGER. Diese

Längsträger hängen an breiteren Trägern, die quer zur Brückenrichtung liegen, und deshalb heißen sie auch QUERTRÄGER. Die Querträger wiederum sind an Doppelträgern festgemacht, die Du ganz links und ganz rechts im Bild siehst. Die gehören zu den Fachwerkträgern, die wir schon kennen. Nochmal der Reihe nach: Buckelbleche - Längsträger - Querträger - Fachwerkträger: Nach diesem Bauplan sind ganz viele Stahlbrücken konstruiert, für Straßen und für Eisenbahnen. Aber wo liegen die Fachwerkträger drauf? Auch das siehst Du auf dem Bild: Auf einer dicken Mauer. Und weil die Mauer unter der Brücke liegt, gehört sie zu den UNTERBAUTEN.

Die Mauern am Anfang und am Ende von der Brücke heißen WIDERLAGER. Vorne liegt der Überbau drauf, hinten drückt die Erde von der Zu-

fahrtrampe dagegen, dem Erddamm, auf dem die Autos, heute nur noch die Radfahrer, zur Brücke hochfahren. Schaun wir mal hinter diese STÜTZMAUER. Da siehst du die Böschung von dem Damm und eine Treppe, die sich die Arbeiter gebaut haben. Zähl' mal die Stufen! So hoch liegt die Straße auf der Brücke über den Schienen. Und wer kommt da die Treppe 'runter? Das ist doch kein Bauarbeiter? Richtig! Das ist Oma Elke! Mit ohne Helm! Die soll sich aber nicht erwischen lassen!

Jetzt bleibt von der ganzen Brücke nur noch eine Mauer übrig, zu der ich noch etwas sagen muß.

Diese Mauer steht nicht am Anfang oder am Ende, wie die Widerlager, sondern dazwischen. Das ist ein Pfeiler. Er unterstützt die Brücke zusätzlich damit die STÜTZWEITE, das ist der Abstand zwischen den Mauern, nicht zu groß wird. Auf der einen Seite liegt der große Überbau, auf der anderen der kleine. Hier unten auf dem Bild kannst Du auch schön die LAGER erkennen. Das sind sozusagen

die Füßchen von den Überbauten, mit denen sie auf den Unterbauten draufstehen. Dazwischen hat sich im Laufe der Zeit soviel Schmutz angesammelt, daß ein kleines Bäumchen drauf wachsen kann. Ich hoffe ja ganz schwer, daß Deine Füßchen etwas sauberer sind, und daß noch kein Gras zwischen Deinen Zehen wächst! Wann hast Du sie denn das letzte Mal gewaschen?

Auch wenn Du schwarze Füße haben solltest, was ich mir bei Deiner Mama aber nicht vorstellen kann – auf jeden Fall bist Du jetzt ein heller Kopf und verstehst schon mehr von Brücken als mancher Erwachsene. Jetzt wollen wir sehen, wie die Brücke trägt.

4. Kapitel – Ein schwieriges Kapitel: Was ist Statik?

"Statik ist die Grundlage aller Berechnungen und Konstruktionen von Bauwerken" – steht im Lexikon. Aber jetzt bist Du genau so schlau wie vorher. Deshalb versuchen wir das mal anders.

Wenn der Opa Dich hochhebt, dann stöhnt er immer: "Mensch, was bist Du schon schwer! Du hast ja ein Mordsgewicht!" Und weil Du so schwer bist, brauchst Du festen Boden unter den Füßen. Denn die Luft kann Dich nicht tragen. Wenn Du vom Stuhl oder einer kleinen Mauer runterspringst, fällst Du so lange, bis Du wieder auf dem Boden bist. Und auf dem Wasser kannst Du nicht laufen (höchstens drin schwimmen): Wenn Du in die Badewanne steigst, dann sinkt Dein Fuß bis auf den Boden von der Wanne. Und was ist, wenn Du auf dem Stuhl sitzt? Der Stuhl steht auf dem Boden, und Dein Gewicht rutscht die Stuhlbeine runter, bis es wieder auf dem Boden angekommen ist. – Jetzt wird es komplizierter. Du schaukelst doch gerne. Jetzt wollen wir uns einmal ansehen, was im Schaukelgerüst passiert. Dazu habe ich eine Zeichnung gemacht. Aber der Opa kann so schlecht Männchen malen. Man weiß dann nie: Soll das ein Junge sein? Oder ein Mädchen? Oder ein großer Maikäfer? Oder ein kleiner Elefant?! Und deshalb male ich nicht Dich, sondern Dein Gewicht. Das ist ein rundes Stück Eisen, oben mit einem Knopf zum Anfassen und Hochheben, und das ist genauso schwer, wie Du bist. Das stelle ich jetzt auf den Sitz von der Schaukel. Siehst Du es?

Wo soll das Gewicht jetzt bleiben? Unter dem Sitz ist Luft. Da fällt es runter. Das will es aber nicht. Links und rechts ist ein festes Seil. "Das ist gut!" denkt das Gewicht. Und dann teilt es sich in 2 Hälften, wie ein Apfel, der mittendurch geschnitten wird, und die eine Hälfte klettert am linken Seil hoch, und die andere Hälfte am rechten. Jetzt sind sie oben auf dem Balken, an dem die Seile festgemacht sind. Aber dort ist unter dem Balken wieder nur Luft. Also

wandern die beiden Gewichtelmännchen über den Balken nach außen, wo er an beiden Enden auf einer Stütze draufliegt. Dort können sie runterrutschen, und jetzt sind sie endlich da, wo sie hingehören: Auf festem Boden!
Auf ihrem Weg haben uns die Gewichtelmännchen alle Bausteine gezeigt, die der Bauingenieur braucht, um ein Haus, einen hohen Turm, eine Brücke, oder irgendetwas anderes zu

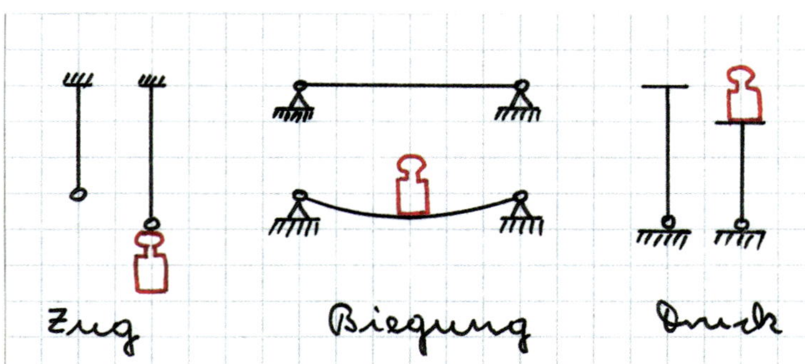

bauen: Seile (oder Stangen), die vom Gewicht in die Länge gezogen werden; Balken (oder Träger), die vom Gewicht auf seinem Weg durchgebogen werden, und Stützen, die vom Gewicht zusammengedrückt werden. Eins ist natürlich noch ganz wichtig: Die Seile dürfen nicht reißen, der Balken darf nicht durchbrechen, und die Stützen dürfen nicht zusammenknacken, wenn Du in der Schaukel sitzt – sonst fällst Du runter und kannst Dir ganz schlimm wehtun, wenn Du unglücklich fällst. Daß das nicht passiert, dafür sorgt die Statik, oder besser: die statische Berechnung, die der

Bauingenieur im Technischen Büro aufstellt.

STATIK ist also nichts anderes als die Kunst, alle Gewichte und Lasten eines Bauwerks mit Zugstangen, Biegebalken und Druckstützen so auf den festen Boden abzutragen, daß unterwegs nichts zusammenkracht. Das wollen wir uns noch an der Brücke ansehen.

Da kommt gerade eine Reiterin auf ihrem weißen Pferd über die Brücke getrabt. (Das war noch, bevor die Fahrbahn abgebrochen wurde). Das Gewicht von Pferd und Reiterin ist für die Brücke eine schwere Last, so wie Du für den Opa eine schwere Last bist, wenn er Dich lange auf den Schultern tragen soll. Wie kommt jetzt diese Last, oder das Gewicht, auf den Boden?

Blätter mal zurück, was wir über die Fahrbahn von unten gesagt haben: Buckelblech, Längsträger, Querträger, Fachwerkträger, Widerlager, Boden. Dazu mache ich am besten noch einmal 2 Skizzen.

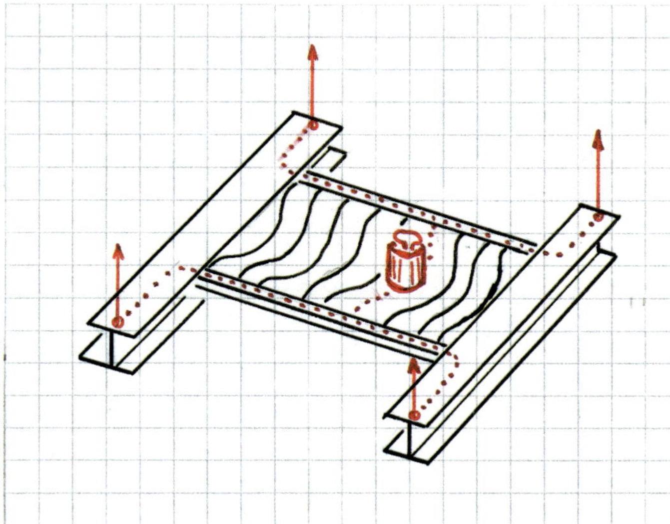

Das Gewicht von Pferd und Reiter drückt durch die Betonplatte und den Sand auf das Buckelblech. Den weiteren Weg zeigen die roten Punkte: Das Buckelblech hängt wie eine Hängematte zwischen den Längsträgern, über die wandert das Gewicht in 2 Hälften zu den dicken Querträgern, und die verteilen es auf 4 Portionen an ihren Enden. Dort sind die Querträger an den Fachwerkträgern festgemacht. Und jetzt wird es spannend! Blätter erst mal eine Seite weiter und sieh Dir das Bild an!

Das Fachwerk hat unten einen geraden, durchlaufenden Träger, den UNTERGURT, und oben einen gebogenen, durchlaufenden Träger, den OBERGURT. Verbunden sind die beiden Gurte durch schräge Stäbe und durch senkrechte Stäbe.

Nun kommt das Reiter-und-Pferde-Gewicht über den Querträger angelaufen und hängt sich an den Fachwerkträger dran. Aber unten darunter ist Luft, damit die Züge durchfahren können. Wo bleibt das Gewicht?

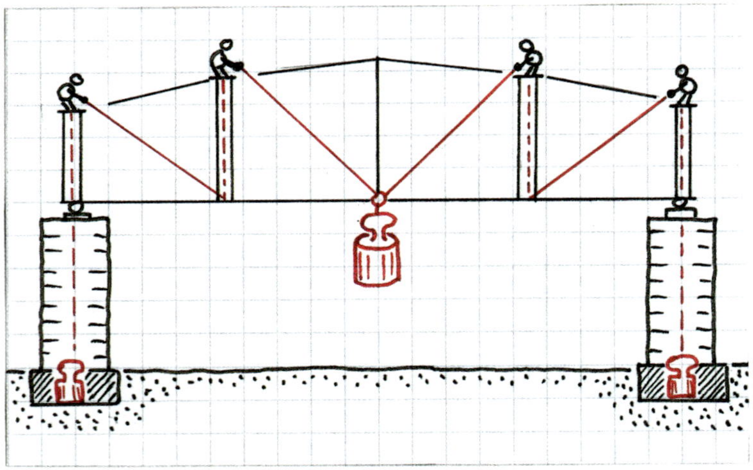

Es wird von den beiden schrägen Stäben gehalten – so, als ob auf den senkrechten Pfosten kleine, kräftige Männchen stünden, die am oberen Ende ziehen. Dann läuft das Gewicht durch den Pfosten nach unten. Aber der hängt ja auch in der Luft! Also noch ein Schrägstab, noch ein Männchen zum Ziehen, noch ein Pfosten, auf dem es stehen kann – aber unter diesem Pfosten liegt endlich das Lager, darunter die Mauer vom Widerlager, darunter das Fundament, das die Last noch etwas verteilt – und jetzt ist sie – wo? Wo sie hingehört, auf dem festen Boden!

Das war vielleicht etwas viel für einen kleinen Kopf – verschnauf mal erst!

5. Kapitel: Wie kaufe ich mir eine neue Brücke?

Jetzt wird es aber Zeit, daß wir auch mal von der neuen Brücke sprechen! Bevor es aber auf der Baustelle etwas zu sehen gibt, muß noch eine ganze Menge passieren. Am besten erkläre ich Dir das an einem Beispiel, das Du sicher kennst: Schuhe kaufen!

Du tobst ja den ganzen Tag in der Gegend 'rum, über Stock und Stein. Deine Schuhe müssen das alles mitmachen, und so sehen sie dann auch bald aus. Und eines Tages sagt die Mama: "Oh neiiin! Wie sehn denn Deine Schuhe aus! Die Hacken schief, die Spitzen abgestoßen, die Farbe abgeschrammt, ein Riß im Oberleder – so kannst Du nicht mehr 'rumlaufen – die Schuhe müssen wir bald wegschmeißen!"

Den Leuten von der Eisenbahn ging das mit ihrer alten Brücke genau so.

Als sie die wieder einmal besichtigt haben, sagten sie auch: "Oh nein! Wie sieht die Brücke aus! Die Farbe weg, der Rost blättert ab und bildet schon richtige Häufchen! (Siehst Du sie, unten auf dem Bild?) Da kann ja keiner mehr 'rüberlaufen! Diese Brücke müssen wir bald abreißen!"

Als Nächstes müßt Ihr überlegen, wie die neuen Schuhe aussehen sollen. Für den Sommer können das Halbschuhe oder Sandalen sein, für den Winter sind hohe Schuhe besser. Als Material kommt Leder in Frage, aber das muß immer eingefettet werden, damit es nicht brüchig wird. Besser ist Kunstleder, das braucht man nur feucht abzuwischen, wenn es schmutzig ist.

Auch die Leute von der Eisenbahn müssen sich überlegen, wie die neue Brücke aussehen soll. Die Autos können ganz in der Nähe über eine breite Brücke fahren (wo wir schon mal rumgeschaut haben - erinnerst Du Dich?). Also brauchen sie eigentlich

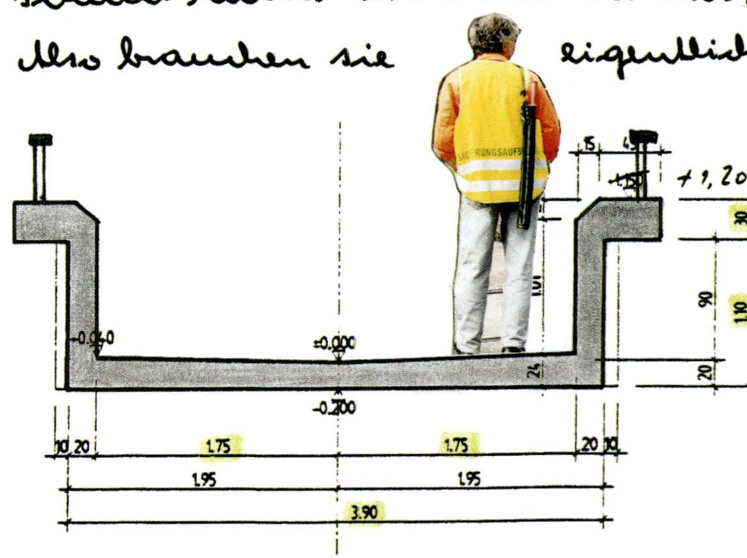

nur einen kleinen Steg für Fußgänger, Radfahrer und Reiter. Dazu eignet sich eine TROGBRÜCKE. Mit ihrem Boden und den zwei Seitenwänden sieht sie aus wie ein langer Futtertrog. Als LICHTE WEITE zwischen den Wänden reichen 2×1,75 = 3,50 m, das ergibt bei 20 cm dicken Wänden eine GESAMTBREITE von 3,90 m. Die Wände könnten 1,10 m hoch sein, dazu kommt eine 30 cm hohe Brüstung – und ein Geländer, damit so neugierige Nasen wie Du nicht 'runterpurzeln! Aus Stahl wollen sie die Brücke nicht wieder machen, weil sie dann immer wieder neue Farbe gegen den Rost draufpinseln müssen. Lieber aus Beton, der ist pflegeleicht!

Wenn Ihr wißt, was für Schuhe Ihr wollt, dann könnt Ihr in die Stadt gehen. Dort gibt es viele Geschäfte, die Schuhe zum Verkauf anbieten. Die Schuhe stehen im Schaufenster, und jeder Schuh hat ein Schild mit dem Preis, den er kosten soll. Jetzt könnt Ihr Euch erst einmal umschauen, ob Ihr einen Schuh findet, der Euch gefällt – zweckmäßig, und nicht zu teuer.

Die Leute von der Eisenbahn gehen auch in die Stadt und suchen ein Brückengeschäft. Meinst Du, daß sie eins finden werden? – Nein, bestimmt nicht! Brückengeschäfte gibt es nicht. Einen Grund dafür kannst Du selber erraten: Brücken sind viel zu groß und zu schwer, als daß Du sie ins Regal legen könntest. Der zweite Grund ist der: Es gibt viele Kinder wie Dich, die immer wieder neue Schuhe brauchen. Deshalb kann man die Schuhe in einer Fabrik auf Vorrat bestellen und in den Laden legen – irgendwann kommt bestimmt ein Kind, dem die Schuhe passen und gefallen.

Das ist bei Brücken anders. Heute werden nicht mehr viele Brücken bei uns gebaut, und jede ist anders: lang oder kurz, breit oder schmal, hoch oder niedrig, für Fußgänger, Autos, Straßenbahn oder Eisenbahn, aus Holz, aus Stahl oder aus Beton. Deshalb kannst Du eine Brücke nicht auf Vorrat bauen, sondern nur auf Bestellung.

Es gibt also für Brücken keine Geschäfte, aber es gibt Firmen, die Brücken bauen können, und deshalb heißen sie auch BAUFIRMEN. An die wenden sich die Leute von der Eisenbahn und schreiben ihnen genau, was sie brauchen. Das ist die AUSSCHREIBUNG.

"Wir haben eine alte Brücke. Der Überbau ist verrostet und muß weg. Die

Unterbauten (weißt Du noch, was die Unterbauten sind? Sieh mal unten auf das Bild!) – die Unterbauten sind noch einwandfrei, die sollen bleiben. Die neue Brücke braucht nur Fußgänger und Reiter zu tragen. Sie soll aus Beton sein. Wir haben uns eine Trogbrücke vorgestellt! Die Züge, die unter der Brük-ke durchfahren, dürfen durch die Arbeiten nicht gestört werden, denn das ist eine ganz wichtige Strek-ke!!!" Das also sind die Bedingungen.

Und dann kommt die ANFRAGE: "Habt Ihr eine bessere Idee für die neue Brücke? Wie lange braucht Ihr, um die alte Brük-ke abzureißen, und die neue zu bauen? Und was soll es kosten?"

Die Baufirmen haben ein TECHNISCHES BÜRO mit Bauingenieuren, die sich im Brückenbau auskennen. Die fangen jetzt an zu grübeln, wie man die Brücke am besten baut. Dann rechnen sie aus, wie dick die Wände und

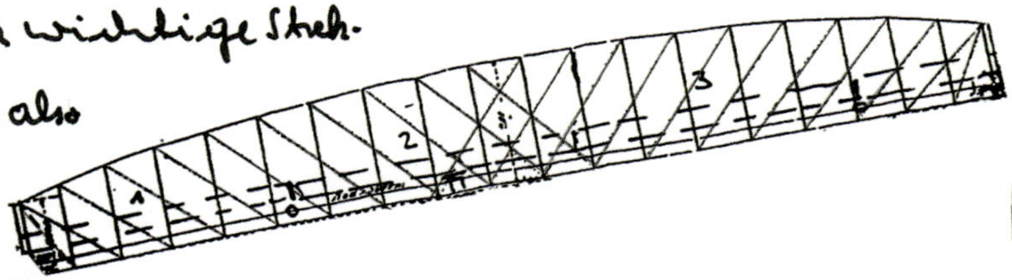

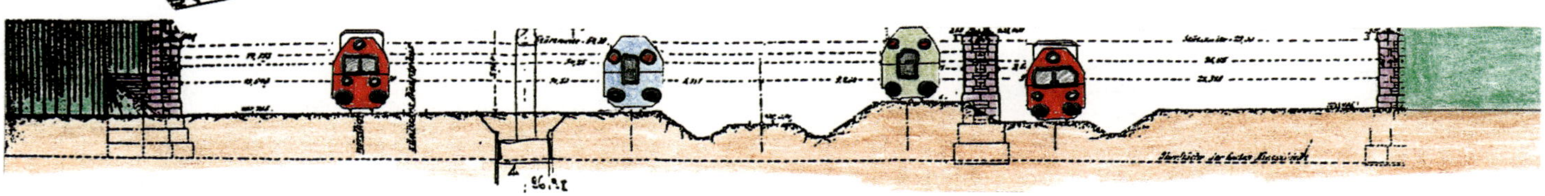

der Boden sein müssen, damit die Brücke nicht zusammenkracht. Sie überlegen, wieviel Beton und Eisen, welche Maschinen und wieviele Leute sie brauchen werden, wie lange die Arbeiten dauern werden, und zum Schluß, wieviel Geld sie brauchen, um die Brücke zu bauen. Dann schickt jede Firma den Leuten von der Eisenbahn ihr Angebot.

Die Bauingenieure aus Opas Firma haben folgenden Plan: Dort, wo das Widerlager und der Pfeiler so weit auseinander stehen, wo der große Überbau ist, da bauen wir noch einen neuen Pfeiler zwischen die Gleise. Dann können wir die alte Brücke als Gerüst benutzen, um die neue Brücke zu bauen. Und wenn die neue Brücke fertig ist und trägt,

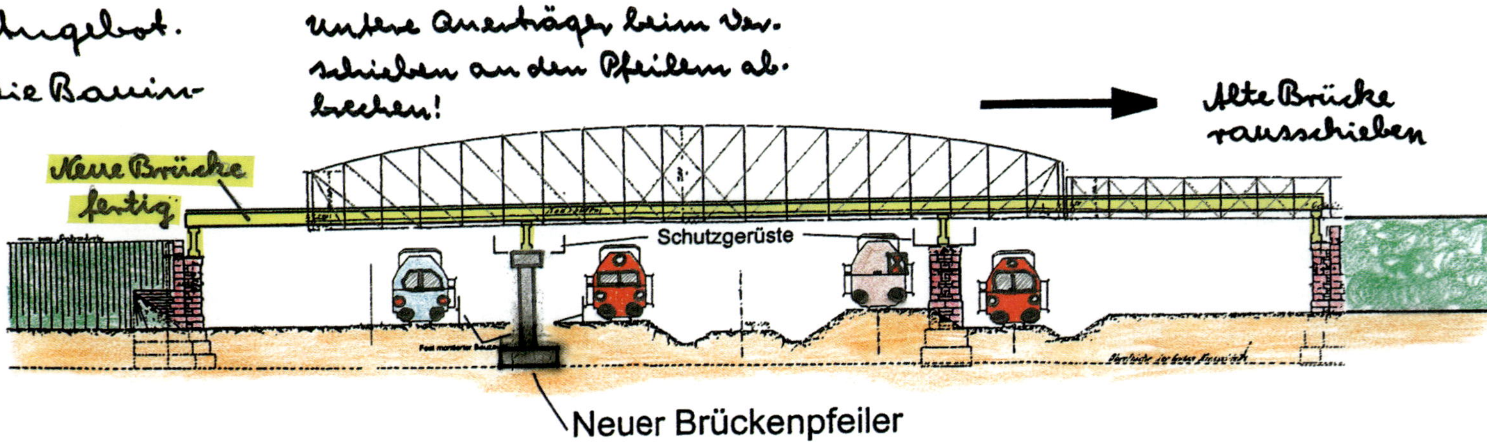

dann hängen wir die alte Brücke an der neuen auf und schieben sie raus auf den Anschlußdamm, um sie dort zu zerlegen.
Die Leute von der Eisenbahn bekommen eine ganze Reihe von ANGEBOTEN von den verschiedenen Baufirmen und können nun aussuchen: Welches ist das billigste, welches gefällt uns am besten, welches wollen wir haben?

Ihr könnt jetzt in das Schuhgeschäft gehen und Euch die Schuhe aus der Nähe ansehen. Wenn sie Euch immer noch gefallen, wird die Mama sie kaufen, und damit ist die Sache für Euch erledigt: Du hast schöne neue Schuhe, und die alten kommen in den Müll.

Die Leute von der Eisenbahn werden mit den Ingenieuren von den Baufirmen noch einmal reden und Fragen zu den Entwürfen stellen, und schließlich sagen sie zu einer Firma: "Ihr sollt die Brücke bauen, Ihr bekommt den AUFTRAG!" Diesmal war das Opas Firma. Für alle anderen Firmen ist damit die Sache erledigt, und für ihre Arbeit, die in den Angeboten steckt, bekommen sie nichts. Vielleicht klappt es ja beim nächsten Mal! Aber die Bauingenieure in Opas Firma haben jetzt alle Hände voll zu tun!

6. Kapitel: Wie der Boden untersucht wird

Spielst Du gern im Sand? Klar machst Du das! Das war eine dumme Frage vom Opa. – Bist Du schon 'mal durch dicken Lehm gelaufen, der an den Schuhen kleben bleibt, und garnicht mehr abgehen will? Ich denke, doch. Und hast Du schon mal so richtig in der Matsche 'rumgewühlt und alles vollgeschmiert? Du strahlst – natürlich hast Du!

Damit kennst Du 3 wichtige Bodenarten, die der Bauingenieur unterscheiden muß. Schau Dir 'mal den Sand an! Er besteht aus lauter kleinen Körnchen. Wenn sie trocken sind, rieseln sie Dir durch die Hand, und Du kannst sie wegblasen. Die Körner sind nicht miteinander verbunden, deshalb heißen Sand und Kies beim Ingenieur NICHTBINDIGE BÖDEN.

Ganz anders ist es beim Lehm. Der bildet dicke Klumpen, die Du formen und kneten kannst, wie Knetmasse. Wenn Du 2 Klumpen zusammendrückst, kleben sie aneinander und bleiben fest verbunden, deshalb heißen solche Böden BINDIGE BÖDEN.

Matsche kann richtig wegflißen, weil sehr viel Wasser drin ist. Wir wollen dazu einfach WEICHER BODEN sagen.

Wenn eine Brücke (oder eine Fabrik, oder ein großes Haus) gebaut werden soll, muß der Bauingenieur wissen, ob der Boden diese Last auch aufnehmen kann, denn Steine, Beton und Eisen sind ja schwer. Bei unserer Brücke ist das etwas einfacher. Die alten Widerlager und der Pfeiler sollen ja stehen bleiben, und wenn der Boden sie mit der alten Brücke tragen konnte, kann er das mit der neuen Brücke auch, weil die neue Brücke leichter ist. Wenn Du gut aufgepaßt hast, dann weißt Du noch, daß eine neue Stütze dazugebaut werden soll, und an der Stelle muß der Boden untersucht werden.

Zuerst muß der Bauingenieur wissen, was für ein Boden unter der neuen Stütze liegt. Schau Dir erst einmal das Bild gut an, weil wir gleich umblättern müssen!

Dazu wird eine AUFSCHLUSSBOHRUNG gemacht. Die heißt so, weil sie den Untergrund "aufschließt", weil sie Aufschluß darüber gibt, wie der Boden aussieht. Die Bohrmaschinen sehen eigentlich etwas anders aus als auf dem Bild, aber so kann ich es Dir besser erklären.

In den Untergrund wird ein tiefes Loch gebohrt und der Boden herausgeholt, um ihn anzusehen. Hast Du schon mal versucht, in trockenem Sand ein tiefes Loch zu buddeln? Der Sand rutscht von der Seite nach und schüttet das Loch immer wieder zu. Deshalb wird hier erst ein Stahlrohr in den Boden gedrückt, und dann der Boden aus dem Rohr herausgeholt. So bleibt das Loch immer offen. Und jetzt wollen wir uns die Maschine ansehen!

Der Bagger hat ein RAUPENFAHRWERK. Damit kann er über Stock und Stein fahren, wo Räder vielleicht steckenbleiben würden. Darüber dreht sich der OBERWAGEN mit dem Führerstand und dem Dieselmotor. Siehst Du den schwarzen Auspuff auf dem weißen Gehäuse? An dem Oberwagen ist ein hoher Mast befestigt. Das Blaue daran ist die Bohrmaschine. Sie wird am Mast rauf und runter gezogen und dreht die dicke, graue KELLYSTANGE.

An der Kellystange hängt eine weiße Hülse. Damit wird das Stahlrohr immer tiefer in den Boden gedreht. Außerdem hängt an der Stange ein Schneckenbohrer. Hast Du schon mal zugeschaut, wie der Papa eine Weinflasche aufmacht? Er dreht den Korkenzieher in den Flaschenhals, und zieht ihn mit dem Korken wieder heraus. Genau so wird der Schneckenbohrer in das Rohr gedreht und mit dem Boden wieder herausgezogen. Der BOHRMEISTER kann sich jetzt die verschiedenen Bodenschichten ansehen und aufschreiben, was er gesehen hat: Er macht ein SCHICHTENVERZEICHNIS. Außerdem füllt er ein paar Proben in Plastikdosen und hebt sie auf.

Jetzt wissen wir, was für ein Boden unter der neuen Stütze liegt, aber noch nicht, ob er weich, lose oder fest ist, und was er tragen kann. Deshalb wird noch eine SONDIERUNG gemacht, unten auf dem Bild. Das ist, als wenn ein langer Nagel in den Boden gehämmert wird. Ist der Boden weich oder

lose, braucht man nur wenige Schläge, ist der Boden fest, braucht man viele Schläge, und ist er hart, dann geht die Sonde nicht tiefer rein und bleibt stecken.

Auf dem Bild siehst Du die Stange, die im Boden steckt, mit einem dicken Kopf zum Draufhauen. Der Mann rechts im Bild schwingt allerdings keinen dicken Hammer, sondern er hebt ein schweres Gewicht hoch und läßt es dann die Führungsstange runterrutschen, so daß es genau auf der Mitte des "Nagelkopfes" aufschlägt. So trifft jeder Schlag und hat immer dieselbe Wucht. Stell' Dir vor, er würde mit einem schweren Hammer danebentreffen und sich auf den Fuß schlagen! Der linke Mann zählt, wieviele Schläge nötig sind, um die Stange 10 cm tiefer zu schlagen, und schreibt sie auf. Ist die Stange im Boden, wird der Kopf abgeschraubt und eine neue Stange aufgesetzt. Der Opa hat viele solche Sondierungen gemacht, als er noch jünger war.

Im Büro werden die Ergebnisse aufgezeichnet: Der Boden, der aus dem Rohr herausgeholt wurde, als Säule, mit einer Beschreibung nebendran, das BOHRPPOFIL; die Schlagzahlen der Sonde in den verschiedenen Tiefen als

SONDIERDIAGRAMM. Ein Bauingenieur, der etwas vom Boden versteht, der BAUGRUNDFACHMANN, wertet diese Zeichnung aus und schreibt einen Bericht. Darin steht, wo fester, tragfähiger Boden beginnt:

Am roten Strich!

Boden

Bohrprofil

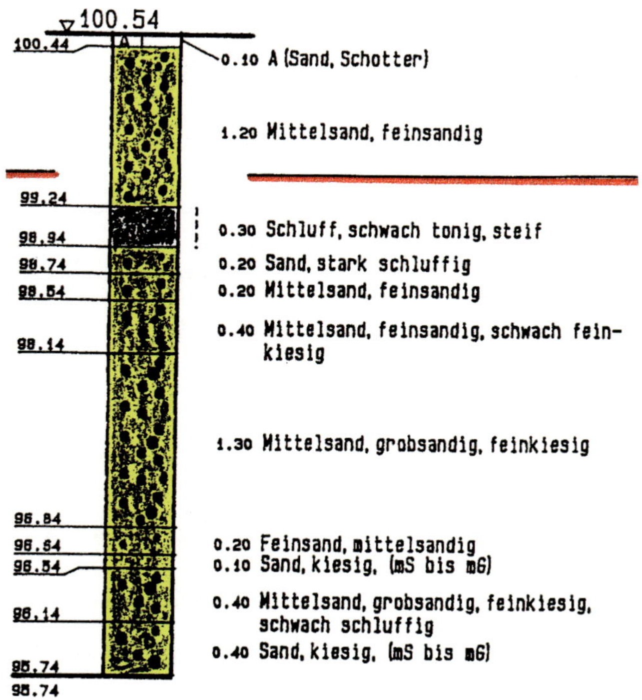

Sondierdiagramm

Schläge

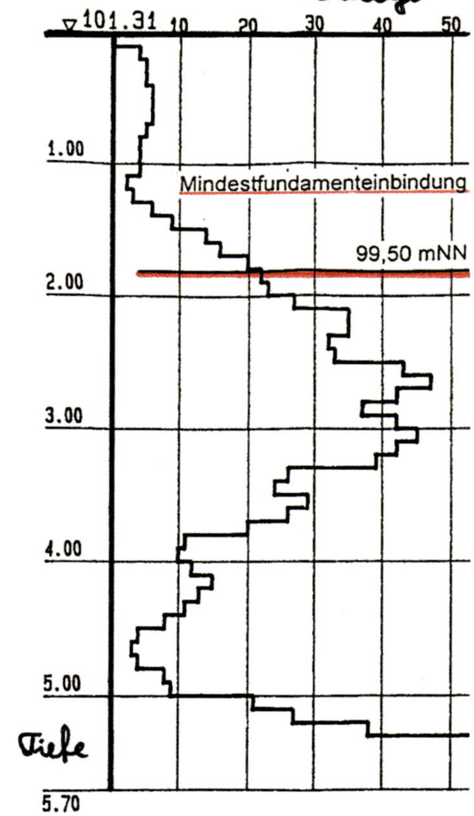

7. Kapitel: Die Baustelle wird eingerichtet

So, jetzt kann es endlich losgehen mit dem Bauen – aber vorher muß die Baustelle noch eingerichtet werden.

Weißt Du noch, wie Ihr im Urlaub am Meer wart, und wie Du da den Strand umgewühlt hast? Aber vorher mußtet Ihr in Eurer Ferienwohnung alles zusammensuchen und in den Bollerwagen laden: Kleine Schaufeln, große Schaufeln, Eimer, Gießkanne, Harke, Schubkarre. Dann habt Ihr alles zum Strand gefahren, die Mama hat Euren Strandkorb aufgeschlossen, Ihr habt die Sachen ausgepackt, und dann konntet Ihr Euch ans Werk machen!

Genau so ist das bei der Baustelle auch. Was wird zuerst hingebracht? Hier siehst Du es! Oben auf der Brücke: Das Firmenschild. Unter der Brücke: Ein Scheißhäusel! So nennen die Arbeiter das kleine Häuschen, wo ihr Klo drin ist.

Und das Firmenzeichen, hier unser blaues Schild mit dem weißen b, das soll allen Leuten zeigen: Hier bauen wir! So wie an jedem Auto das Zeichen von der Fir-

ma dran ist, die das Auto gebaut hat: VW, Opel, Mercedes, Renault, BMW – laß es Dir vom Papa mal zeigen, wenn Du es noch nicht gesehen hast!

Als Nächstes wurden 2 gelbe Container mit einem Tieflader zur Baustelle gefahren und mit einem Autokran abgeladen. Der eine, links, hat 2 Fenster und eine Tür. Der ist für die Leute auf der Baustelle. Die können sich dort umziehen, frühstücken, Zeichnungen ausbreiten, und besprechen, was zu tun ist. Im Eingang siehst Du ein Paar Stiefel und einen großen Besen, um den Dreck rauszufegen, den sie an den Schuhen mit reinschleppen. An der Wand hängen gelbe Regenjacken für schlechtes Wetter und eine rote SICHERHEITSWESTE. Dazu kommen wir gleich noch.

Der zweite Container hat keine Fenster, dafür ein großes Tor. Hinter der zugeklappten Seite des Tores stehen eine Werkbank und Regale mit Schrauben, Rohren, Schläuchen und Werkzeug. Siehst Du die Kreissäge vor der Tür? Nachts wird sie reingetragen. Auch alle Schaufeln, Preßlufthämmer und Schubkarren müssen nachts im Container eingeschlossen werden, damit sie nicht geklaut werden.

Dann kommen Lastwagen und bringen Baumaterial, das auf der Baustelle gebraucht wird. Unsere Firma hat in Mannheim einen großen Lagerplatz, den BAUHOF. Dort liegt in großen Schuppen alles Material, das immer wieder auf Baustellen gebraucht wird. Auch eine große Werkstatt gibt es dort, wo Bagger und Kräne repariert werden können, wenn sie auf einer Baustelle kaputtgegangen sind. – Unsere Baustelle hat noch keinen Kran. Deshalb kommt ein Lastwagen, der selber zwischen Führerhaus und Ladefläche einen kleinen Kran hat. Gerade hebt er eine Palette mit Rohren

herunter. Vor dem LKW liegen schon: ein Stapel Schaltafeln (erklär' ich Dir später), noch mehr Rohre, und Gitterträger aus Holz. Siehst Du sie?

Ich wollte Dir noch die Sicherheitsweste erklären. Alle Leute, die an den Gleisen arbeiten, müssen sie tragen, damit der Lokführer sie von weitem erkennt. Außerdem steht am Gleis ein SICHERHEITSPOSTEN. Der hat ein Signalhorn umhängen und bläst hinein, um die Leute zu warnen, wenn er einen Zug kommen sieht. Jetzt aber ist die Strecke frei, und der Arbeiter darf 'rüberlaufen.

8. Kapitel: Fundament und Doppelstütze

Erinnerst Du Dich noch an den roten Strich vom Baugrundfachmann? Der gute, tragfähige Boden fängt nicht ganz oben an, sondern erst ein Stück tiefer. Die FUNDAMENTSOHLE muß auf dem TRAGFÄHIGEN BODEN aufliegen, also muß das Fundament ein Stück eingegraben werden. Das muß es immer. Warum, fragst Du? Schau Dir mal rechts das Bild an!

Der rote Pfeil soll das Gewicht des Pfeilers und der Brücke darstellen, die das Fundament nach unten drücken und den Boden darunter zusammenpressen. Wenn nun das Fundament ganz oben auf dem Boden aufliegt und es regnet, dann kann das Wasser den Boden unter dem Fundament wegspülen (1), und das Fundament kippt am Ende um. Ist es aber eingegraben (2), kommt das Wasser erst gar nicht an den Boden ran, der das Fundament trägt.

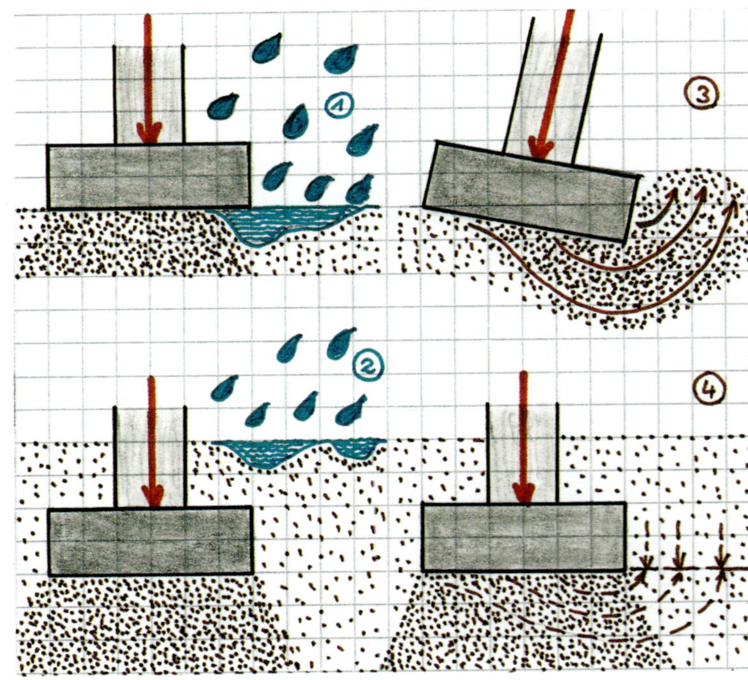

Hast Du schon 'mal auf dem Rücken gelegen, und ein anderer hat sich auf Deinen Bauch gesetzt? - Ganz schön ungemütlich, oder? Du versuchst doch bestimmt, drunter 'rauszukriechen! Wenn Du das Fundament ganz oben draufstellst, und das Gewicht von der Brücke quetscht den Boden zusammen, dann witscht er zur Seite hin weg (3), und das Fundament kippt um. Liegt die GRÜNDUNGSSOHLE aber tiefer, ist der Boden unter dem Fundament eingesperrt und kann nicht mehr weg. Aber jetzt wollen wir endlich auf die Baustelle gehn!

Dort haben die Arbeiter eine kleine BAUGRUBE für das Fundament ausgehoben. Auf die Sohle haben sie eine dünne Schicht aus Beton geschmiert, damit der Sand, der das Fundament tragen soll, nicht auflockert. Auch die eine Seite, die BÖSCHUNG neben dem Gleis, haben sie mit Beton ab-

gedeckt, damit der Sand nicht wegbricht, wenn ein Zug vorbeirattert und der ganze Boden wackelt.

Hast Du die vielen Kabel gesehen, die in der Baugrube 'rumhängen? Die waren im Boden vergraben, und damit sie jetzt nicht kaputtreißen, haben die Bauarbeiter Bretter druntergeschoben und mit Drähten an Rohrträgern aufgehängt, die die Baugrube überbrücken.

Was die KABEL sollen, fragst Du? Du hast doch früher immer am Licht 'rumgespielt. Wenn Du unten an der Wand auf den Schalter gedrückt hast, ist oben an der Decke die Lampe an- oder ausgegangen. Das geht nur, weil in die Wand und in die Decke ein Kabel eingemauert ist, das vom Schalter zur Lampe geht.

Die Kabel in der Baugrube kommen auch von Schaltern, im STELLWERKhaus, und führen zu Signalen, die neben den Gleisen stehen. Wenn der Bahnbeamte auf einen Knopf drückt, dann springt das Signal (wie eine Ampel) auf Grün, damit der Zug weiterfährt, oder auf Gelb, damit der Zug bremst, oder auf Rot, damit der Zug stehen bleibt. Auch Weichen kann er mit den Kabeln stellen, damit der Zug geradeaus fährt oder abbiegt. Im 3. Kapitel kannst Du gleich im ersten Bild die Weiche schön sehn! Neben dem Zug.

Inzwischen haben die Arbeiter aus den gelben SCHALTAFELN eine Form für das Fundament gebaut und den BEWEHRUNGSKORB hineingestellt. Der ist aus Stahlstäben zusammengebunden und soll den Fundamentbeton verstärken. In die Form wird dann Beton geschüttet, der zuerst ganz weich ist wie Brei, dann aber schnell hart wird wie Stein. Dann braucht man die Schaltafeln nicht mehr, und sie können weggenommen werden. Aus dem fertigen Fundament stehen die ANSCHLUSSEISEN heraus. Die verbinden

es mit den beiden Stützen, die oben drauf-
stehen sollen. Der Fuß für die hintere Stüt-
ze ist schon EINGESCHALT, das heißt, die
Form für den Beton ist fertig. Willst Du
'mal 'reinschaun? Da, bittesehr!

Da kommt auch schon der Liefermi-
scher und bringt den Beton. Das ist

ein Lastwagen mit einer großen, run-
den TROMMEL. Die ist aber nicht zum
Krachmachen, sondern die heißt so,
weil sie sich unterwegs immer dreht,
um den Beton gut durchzumischen,
wenn er vom BETONWERK zur Baustel-
le gefahren, also angeliefert wird. Des-

halb heißt er eben auch LIEFERMISCHER. Hinten hat er ein Schüttrohr, aus dem er den Beton rauslaufen lassen kann.

Und wie wird der Beton gemacht? Wie ein Kuchenteig. Aus Sand, Kies, Zement und Wasser. Zement ist ein feines, trockenes Pulver. Das wird mit Wasser angerührt und wirkt dann wie ein Klebstoff, deshalb heißt diese Mischung ZEMENTLEIM. Dann kommt jede Menge Sand und Kies dazu. Das Ganze wird zu einem dicken, grauen Brei – schau mal auf die nächste Seite! Der wird in die SCHALUNG geschüttet wie der Kuchenteig in die Kuchenform. Aber der Beton braucht nicht gebacken zu werden, denn der Zementleim wird von ganz allein nach und nach erst fest und dann hart wie Stein.

Hättest Du gedacht, daß die Araber eine ganz andere Schrift haben als wir, eine "Würmerschrift"? Der Opa war oft auf Baustellen bei den Arabern, im Irak und in Libyen. Und die schreiben auch nicht von links nach rechts, sondern von rechts nach links! Was das soll?

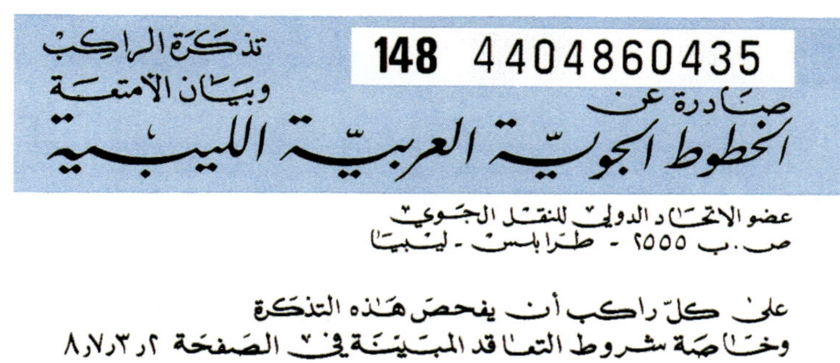

Nun, Du sollst Dir die Bilder hier unten "auf Arabisch" ansehen, von rechts nach links!

Normalerweise fährt der Liefermischer bis ans Fundament und läßt den Beton einfach 'reinlaufen. Hier geht das nicht, weil er über 2 Gleise weg muß und so hoch ist, daß er den FAHRDRAHT beschädigen könnte, aus dem die elektrischen Lokomotiven ihren Strom kriegen. Deshalb haben die Bauarbeiter aus Folie so eine Art Sandkiste gebaut, in die nun der ganze Beton hineinläuft, damit der Liefermischer wieder wei-

erfahren kann. Der Arbeiter, den wir schon einmal mit dem Preßlufthammer gesehen haben, schaufelt den Beton in eine Schubkarre, fährt über die Gleise (wenn kein Zug kommt), dann über eine Holzbohle bis an die Schalung für den einen Stützenfuß, und dann kippt er den Beton hinein.

Hast Du den Berg gesehen, der dort liegt? Und wie wenig in eine Schubkarre paßt? Was meinst Du, wie oft der Mann wohl laufen muß? – Das kostet Zeit – und Geld. Der Bauingenieur, der die Brücke KALKULIERT hat, das heißt, der ausgerechnet hat, was diese Arbeit wohl kosten wird, muß das alles mit berücksichtigen. Sonst "bringt die Firma Geld mit", das heißt, sie bekommt weniger bezahlt, als sie für ihre Arbeit braucht.

Jetzt steigen wir schnell die Treppe 'rauf, die Du schon gesehen hast, und gehen auf die alte Fachwerkbrücke. Über der neuen Stütze haben die Arbeiter nämlich ein quadratisches Loch in den Blechboden geschnitten. Wenn wir jetzt noch den schweren Holzdeckel wegnehmen, der auf dem Loch liegt, können wir vorsichtig nach unten sehen, genau auf den Stützenfuß. Paß aber auf! Das Loch ist groß! Fall' bloß nicht 'runter!!

Siehst Du den gelben Rand von der Schalung? Und die Anschlußeisen? Und unten drin, ganz dunkel, den Beton, der schon EINGEBAUT ist? Daneben hockt ein Arbeiter. Was hat er an? Richtig, eine Sicherheitsweste!

In der rechten Hand hält er einen dicken Schlauch. Unten dran hängt eine RÜTTELFLASCHE im Beton. Die wirkt ähnlich wie eine Rührmaschine im Kuchenteig. Sie rumort im Beton 'rum, damit er bis in die äußersten Ecken fließt und alle Luft sowie überflüssiges Wasser nach oben steigt. Dadurch wird der Beton ganz dicht und später ganz hart – aber das zeige ich Dir noch genauer im nächsten Kapitel.

Sobald der Beton fest geworden ist, kann die Schalung wieder weggenommen werden. Damit ist alles fertig, was unter der Erde liegen soll. Also kann die Baugrube zugeschüttet werden.

Nochmal eine arabische Bildfolge, weil man so den Ablauf besser sieht. Von rechts kommt ein FRONTLADER. Der heißt so, weil seine LADESCHAUFEL vorn, an der Front, angebracht ist. Der bringt Erde zur Baugrube und kippt sie ab. In der Baugrube steht ein ganz kleiner LÖFFELBAGGER. Der heißt so, weil er seine Schaufel hält wie einen Löffel. Auf dem rechten Bild nimmt er gerade Erde auf, auf dem linken Bild hat er sich gedreht und schmeißt sie auf das Fundament. Die abgeworfene Erde ist ganz locker, deshalb muß sie mit einer STAMPFPLATTE VERDICHTET wer-

den. Du siehst sie links neben dem Bagger stehen. Ein Arbeiter muß sie an dem Griff wie einen Kinderwagen vor sich herschieben, dabei bewegt der Motor die Platte auf und ab, so daß der Boden festgestampft wird wie von einem großen Stiefel.

Auch die vielen Kabel werden jetzt vorsichtig wieder eingegraben. Siehst Du die roten Steine oben im Bild, die aussehen wie kleine Tunnels? Das sind KABELSCHUTZSTEINE, ein schwieriges Wort! Die werden mit der Spitze nach oben auf die Kabel gelegt, damit jemand, der den Boden aufgraben will, nicht die Kabel durchsticht, sondern auf die harten Steine stößt und merkt, daß er jetzt aufpassen und vorsichtig sein muß. Denn wenn wieder alles zugeschüttet ist, sieht man ja nichts mehr davon, daß hier wichtige Kabel vergraben sind, und wo sie liegen. Schau Dir mal das nächste

Bild an! Weißt Du, wo die Kabel jetzt geblieben sind? Nur die Stützenfüße und die Anschlußeisen sind noch zu sehen!

Jetzt können die beiden Stützen betoniert werden, die fast bis unter die alte Brücke hochreichen. Zuerst wird

der Schalkasten aufgestellt, aber eine Seite bleibt noch offen, damit die BEWEHRUNGSEISEN eingestellt werden können, die den Beton verstärken. (Dazu sage ich Dir etwas mehr im nächsten Kapitel). Schau Dir die Stäbe mal gut an! Sie haben lauter kleine Rippen auf der Oberfläche, siehst Du das? Damit krallen sie sich im Beton fest, wie eine Schraube im Holz.

Alle Eisen sind schon im Kasten drin! Aber die langen, senkrechten Eisen stehen noch etwas "kreuz-die-quer" durcheinander, und die waagerechten, die BÜGEL, die die lotrechten Eisen umschließen müssen wie ein Serviettenring die Serviette, die liegen alle noch unten am Fuß aufgestapelt; neben dem Arbeiter kannst Du sie sehen. Die müssen noch gleichmäßig über die ganze Höhe verteilt werden. Dazu wird zuerst der oberste Bügel hochgehoben bis oben unter die Brücke und dann mit Bindedraht an den senkrechten Eisen festgebunden. Dann kommen die anderen an die Reihe, einer nach dem anderen. Dadurch entsteht ein stabiler BEWEHRUNGSKORB, bei dem jedes Eisen genau an der Stelle sitzt, wo es hingehört, und sich auch nicht mehr verschieben kann, wenn der Kasten jetzt geschlossen und der Beton eingefüllt wird. Diesmal aber nicht wieder mit einer Schubkarre, sondern auf eine bessere Art, mit einer Betonpumpe! Die wollen wir uns auf der nächsten Seite mal ansehen!

Auf dem grünen LKW ist ein langer Ausleger mit einer weißen Rohrleitung montiert. Den kann der Fahrer mit einer Steuerung hin- und herschwenken wie ein Elefant seinen Rüssel: Nach vorn, wie hier, nach oben in den 3. Stock eines Hauses, nach unten in eine Bau-

grube, nach links oder rechts, wie man es gerade braucht. Damit der Wagen beim Rumschwenken nicht umfallen kann, hat er nach jeder Seite 2 Stützbeine ausgefahren: wie Spinnenbeine sehn die aus! Die beiden vorderen Beine kannst Du auf dem Bild sehen. Und was hängt am Ende von der weißen Rohrleitung? Richtig, ein ganz dicker Schlauch, der aus mehreren Stücken zusammengekuppelt worden ist. Siehst Du die Kupplungen? Durch die Rohrleitung und den Schlauch kann man den Beton dort hinpumpen, wo man ihn braucht. Und dann sieh Dir noch die beiden blauen Stahlflaschen mit den Gummischläuchen an, denn die brauchen wir zum Schluß noch. Aber jetzt laufen wir erst einmal um das Auto 'rum!

Der Liefermischer ist schon vorgefahren. Sein Schüttrohr hängt schon über dem Einfüllkasten der BETON-PUMPE, und jetzt brauchen wir nur noch den dicken Schlauch über die

Brücke zur ersten der beiden Stützen zu ziehen und in die Schalung zu hängen – und dann kann "Beton fließen!"

Aber wie kommt das große Loch in den Boden der Brücke? Das wollen wir uns zum Schluß dieses langen Kapitels noch ansehen, und dazu brauchen wir die beiden blauen Stahlflaschen von vorhin. In der einen ist Sauerstoff, in der anderen Azetylen, ein Gas, das brennt, wie in einem Gasherd. Durch den blauen und den roten Schlauch kommen beide getrennt zu dem SCHNEIDBRENNER, den der Mann mit den Lederhandschuhen in der Hand hat. Dort werden Sauerstoff und Azetylen gemischt, und aus der Düse am Kopf schießt eine scharfe, ganz heiße Flamme.

Du hast sicher schon brennende Kerzen gesehen. Du weißt, daß die Flamme heiß ist, und vielleicht ist Dir aufgefallen, daß durch diese Hitze das Wachs von der

Kerze ganz flüssig wird: Es schmilzt. Die Flamme von dem Schneidbrenner ist noch viel, viel heißer – so heiß, daß sogar das Eisen schmilzt! Außerdem hat die Flamme einen großen Druck. Nimm Dir mal einen Trinkhalm, puste hinein, so fest wie Du kannst, und halte mal die Hand drunter. So ist das bei der Flamme auch, nur noch stärker. Und deshalb wird das geschmolzene Eisen als glühende Funken nach unten rausgeblasen. Der Mann mit dem Wasserschlauch auf dem vorigen Bild paßt auf, daß die Holzschalung der Stützen unter der Brücke durch die Funken nicht anfängt zu brennen.

Wo das geschmolzene Eisen rausgeflogen ist, da bleibt ein Spalt, als ob man das Blech mit einer großen Schere durchgeschnitten hätte. Die fertigen Stützen sehen wir uns später an!

9. Kapitel: Kleines Zwischenspiel - Was ist Biegung, Stahlbeton, Spannbeton?

Auf der Baustelle ging es danach nicht weiter - warum? Alle Berechnungen, ob die Brücke auch hält, und alle Zeichnungen, wie sie gebaut werden soll, müssen von einem PRÜFINGENIEUR kontrolliert werden. Denn niemand ist davor sicher, daß er nicht einmal einen Fehler macht - und es wäre doch schlimm, wenn die Brücke gerade dann zusammenkrachen würde, wenn wir beide draufstehen, oder? Diese Prüfung war schnell erledigt.

Aber dann meldeten sich ganz überraschend die Bauingenieure der Eisenbahn und wollten alles selber noch einmal prüfen. Auf einer anderen Baustelle war nämlich ein Kran umgekippt und auf die Gleise gefallen. Nun wollten sie sicher sein, daß auf unserer Baustelle den Zügen nichts passieren kann, daß die Gerüste nicht umkippen, und daß von der alten Brücke nichts 'runterfällt. Kurz gesagt: Es darf

nichts ins LICHTRAUMPROFIL fallen – das ist der Platz, den die Züge neben und über den Schienen brauchen, wenn sie durchfahren. Diese Prüfung dauerte lange und war nicht eingeplant, deshalb mußte die BAUSTELLE EINGESTELLT werden: Die Arbeiter wurden auf andere Baustellen geschickt, und nur die Einrichtung blieb dort (Du weißt doch noch: Container, Scheißhäusel und Firmenschild), weil es billiger war, die Miete zu bezahlen, als alles wegzufahren und später zurückzuholen. Aber die Miete war natürlich ärgerliches, 'rausgeschmissenes Geld für nichts – wie wenn Du Dir extra eine Spezialbrille für die Sonnenfinsternis kaufst, und dann sind dicke, schwarze Wolken davor.

Also: Auf der Baustelle tut sich nichts – so habe ich Zeit zu versuchen, Dir etwas zu erklären, was für die Arbeit des Bauingenieurs sehr wichtig ist. Vielleicht findest Du es jetzt noch zu schwierig – dann warte ein oder zwei Jahre, bis Du noch größer und noch klüger geworden bist!

Was ist Biegung?

Vielleicht hast Du schon einmal Wettläufer in einem Stadion gesehen. Jeder Läufer hat seine eigene Bahn. Am Ziel ist ein Band über die Bahnen gespannt, quer drüber. Bei kurzen Strecken sind die Bahnen gerade, und auch die Startlinie läuft gerade quer über die Bahnen, damit alle Laufstrecken gleich lang sind.

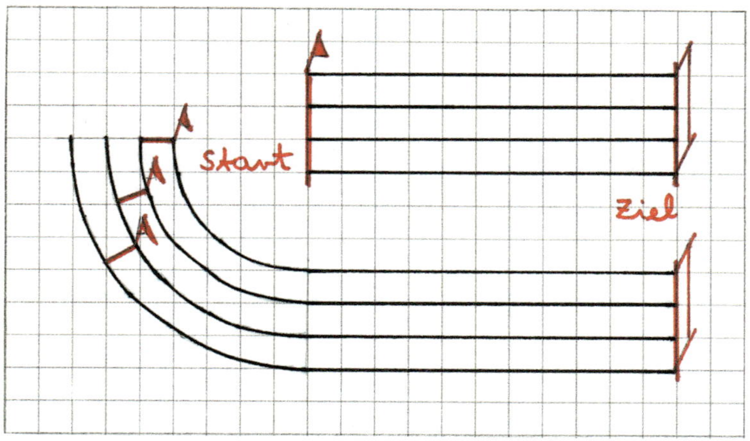

Wenn der Wettkampf über eine längere Strecke geht, gehen die Bahnen um die Kurve. – Wie läufst Du ganz schnell um eine Ecke? Ganz dicht dran, weil da der Weg kürzer ist als in großem Bogen außen 'rum. So ist das auch bei den Laufbahnen: Innen ist der Weg kürzer als außen. Aber alle Läufer sollen doch dieselbe Strecke laufen! Deshalb wird der Start gestaffelt: Für den Läufer innen liegt er weiter hinten, und für den Läufer außen liegt er weiter vorn. Jetzt sind wieder alle Bahnen gleich lang!

Nun wollen wir uns eine kleine Brücke bauen aus 3 Brettern, die wir übereinander legen. Und dann stellen wir einen großen, kräftigen Mann mittendrauf. Wen sollen wir dafür nehmen – kennst Du einen? Und was glaubst Du, was passiert? Ja, die Bretter biegen sich durch! Sie liegen in der Kurve. In der Mitte bleiben die 3 Bretter genau übereinander, wie die Laufbahnen am Ziel. Aber die Enden verschieben sich. Das obere Brett liegt innen, deshalb wandern seine Enden von der Mitte

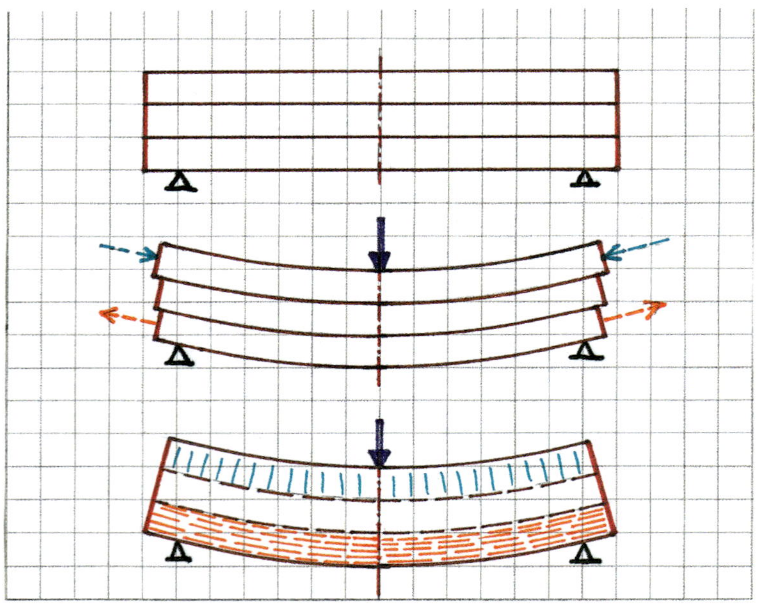

weg, und das untere Brett liegt außen, deshalb wandern seine Enden zur Mitte hin. Die Enden der Bretter sind gestaffelt wie die Startlinien der Laufbahnen in der Kurve.

Sieht komisch aus, diese abgestuften Enden, oder? Wenn wir das ändern wollen, müssen wir das obere Brett zusammendrücken, daß es kürzer wird, und das untere auseinanderziehen, daß es länger wird.

Genau das passiert bei einem dicken Holz-BALKEN. Auch der biegt sich etwas durch, auch wenn man das nicht so ohne weiteres erkennt. Aber die Enden können sich nicht verschieben, deshalb wird das Holz des Balkens oben zusammengepreßt, das heißt die DRUCKZONE, und unten in die Länge gezerrt, das ist die ZUGZONE. Wenn dem Balken die Biegung zu arg wird, dann reißen die Holzfasern in der Zugzone kaputt, und der Balken bricht durch. Das kannst Du mit einem dünnen Zweig selber ausprobieren. Und wenn der Balken aus Beton ist?

Was ist Stahlbeton?
Auch der Betonbalken wird in der Druckzone gedrückt und in der Zugzone gezogen. Sehn wir uns erst einmal seine Druckfestigkeit an!
Überall, wo Beton eingebaut wird, müssen Proben genommen werden. Dabei wird etwas von dem Beton mit einer kleinen Schaufel in eine Würfelform gefüllt. Er hat dann 4 Wochen Zeit, um richtig hart zu werden. Dann kommt der Würfel in die PRÜFPRESSE.
Du hast sicher schon einmal gesehen, wie Nüsse geknackt werden. Die Nuß wird in eine Zange geklemmt, und dann werden die Griffe immer fester zusammengedrückt, bis daß die Nußschale zerbricht. So ist das auch mit dem Betonwürfel. Er wird zwischen zwei Stahlplatten gelegt, und die werden von einem starken Motor immer stärker zusammengepreßt. Wenn dann sei-

ne DRUCKFESTIGKEIT erreicht ist, fängt er an zu splittern und zu zerbröseln. Jetzt siehst Du auch schön seine Struktur: Kieselsteine, mit Sand dazwischen, die von grauem Zement zusammengeklebt sind. Die Festigkeit unseres Würfels steht oben drauf: 58 N/mm², das wird ausgesprochen: Achtundfünfzig Njuten pro Quadratmillimeter, nach einem englischen Gelehrten, der sich Newton schreibt. Aber unter dieser Angabe kannst Du Dir si-

cher nichts vorstellen. Deshalb versuche ich jetzt, Dir ein Bild davon zu machen.

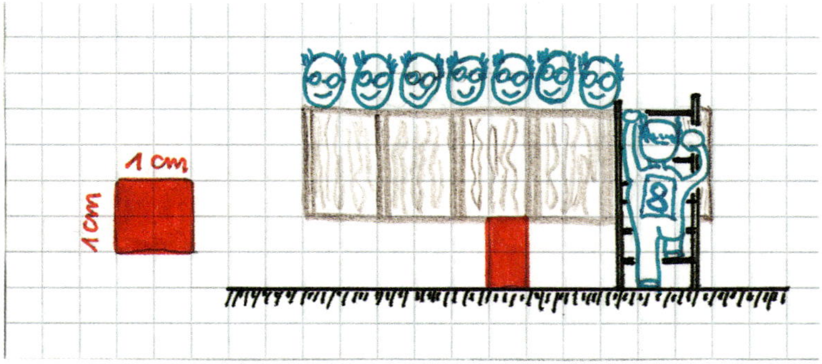

Wir machen uns eine Säule aus Beton, die so dick ist wie das rote Quadrat, 1 Zentimeter in beiden Richtungen. Und darauf stellen wir eine große Kiste. Du kennst ja den Opa, der wiegt etwa 70 kg. Was meinst Du, wieviele Opas in die Kiste klettern müssen, damit unsere kleine Säule zerbröselt? Ungefähr acht Stück! So viele, wie Köpfe aus dem Kasten schauen, und noch der auf der Leiter! Du hättest bestimmt schon genug, wenn Dir auch nur ein einziger Opa auf Deinen dikken Zeh treten würde. Soll ich mal? Besser nicht! – Die Druckzone im Betonbalken geht also nicht so leicht kaputt. Und die Zugzone?

Wenn wir dieselbe Säule an der Decke festmachen und eine Schale dranhängen, dann genügt schon ein halber Opa, um die Betonsäule zu zerreißen! Die Zugfestigkeit des Betons ist ganz miserabel!

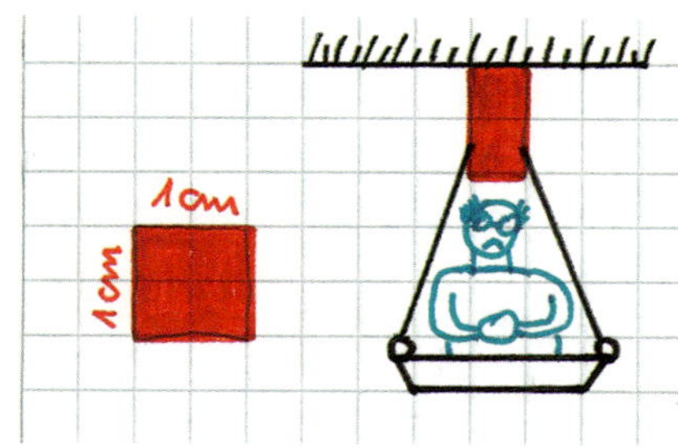

Mit dem Beton ist das wie mit Deinen Legosteinen. Bastel mal 3 gleiche Steine zu einer kleinen Säule zusammen! Wenn Du ganz fest darauf drückst, tust Du Dir die Hand weh, aber den Steinen passiert gar nichts. Aber wenn Du den ersten und den letzten Stein in die Hand nimmst und daran ziehst, dann gehen sie schnell auseinander.

Bei einem Betonbalken hält also die Zugzone nichts aus, und wir müssen sie verstärken, BEWEHREN, indem wir Bewehrungseisen reinlegen, die wir auf der Baustelle schon gesehen haben. Wie groß die ZUGFESTIGKEIT vom Eisen ist? Sooo viele Opaköpfe kann ich gar nicht malen, wie die Säule tragen kann, wenn sie nicht aus Beton, sondern aus Eisen ist. Da bekomme ich einen lahmen Arm!
Weil die Bewehrungseisen eigentlich aus STAHL sind, einer besonderen Art des Eisens, heißt Beton mit eingelegten Eisen STAHLBETON. Das ist halt so.

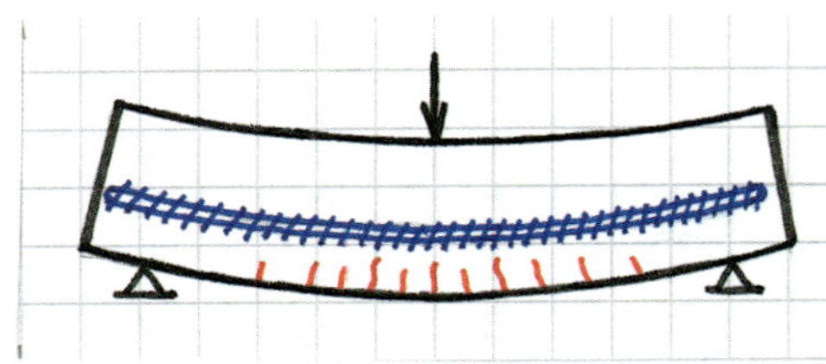

Wenn ein solcher Balken sich unter der Last durchbiegt, dann bekommt der Beton in der Zugzone zwar Risse, aber er wird von den Eisen zu-

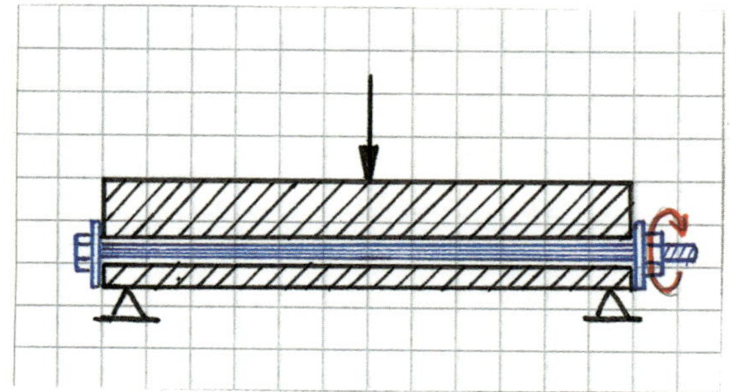

sammengehalten, und der Balken bricht nicht durch. In die Risse könnte allerdings feuchte Luft eindringen, und wenn die bis ans Eisen kommt, fängt es an zu rosten, wie bei der alten Brücke. Kann man da nichts gegen machen? Doch:

Spannbeton!

Beim SPANNBETON wird das Eisen nicht einfach als "SCHLAFFE BEWEHRUNG" in den Beton gelegt, sondern VORGESPANNT, damit es den Beton in der Zugzone zusammenpreßt. Nun kannst Du den Beton ja erst dann drücken, wenn er hart geworden ist. Deshalb werden erst einmal Rohre in die Schalung gelegt und einbetoniert. Durch besonderen Zement kann man dafür sorgen, daß der Beton schnell hart wird. Dann werden die SPANNSTÄHLE durch die Rohre geschoben und gespannt. Du kannst Dir das so vorstellen, daß Du durch Deine Säule aus Legoklötzchen ein Loch bohrst, eine lange Schraube durchsteckst und die Mutter so fest anziehst, wie Du nur kannst. Jetzt kriegst Du die Legosteine nicht mehr auseinander, und der Beton bekommt keine Risse mehr. Alle großen Betonbrücken, die Du draußen siehst, sind aus solchem Spannbeton. Aber jetzt hast Du sicher genug von der Theorie. Was macht die Praxis, unsere Baustelle? Passiert da etwas?

Ja! Etwas ganz Besonderes! Eine Sonnenfinsternis!!! Das passiert nämlich ganz selten, das nächste Mal bei uns erst in 82 Jahren, dann bist Du älter, als der Opa heute ist. Und was passiert?

Morgens wird es hell, weil die Sonne auftaucht und uns anleuchtet wie eine riesige Taschenlampe. Manchmal hängen dicke Wolken am Himmel, wie ein Vorhang am Fenster. Dann sieht man die Sonne nicht, aber es kommt noch genug Licht durch, daß es hell wird. Und dann kommt auf einmal der Mond angeschlichen und stellt sich genau vor die Sonne. Dann kommt kein Licht mehr durch, und bei uns wird es ganz plötzlich stockeduster. Wenn keine Wolken da sind, kannst Du mit einer Spezialbrille in die Sonne schauen und beobachten, wie sie immer mehr hinter dem Mond verschwindet, bis sie ganz weg ist. Auf der Baustelle waren Wolken, und man konnte nur beobachten, wie es immer dunkler wurde. Zum Glück hat der Mond genau so wenig Ruhe im Po wie Du, und so ist er bald weitergezogen, und es wurde wieder heller.

Kurze Zeit später gab es schon wieder etwas Besonderes: Den neunten Tag im neunten Monat des Jahres neunzehnhundertneunundneunzig! Lauter Neuner! Und eine noch viel größere Brücke, die in Mannheim zusammengebaut und über einen breiten Fluß, den Rhein, 'rübergeschoben wurde, erreichte genau an diesem Tag das andere Ufer in Ludwigshafen. Die Post hat deshalb für ihre Briefe

einen Sonderstempel herausgebracht, den hat sich der Opa auch geben lassen. Die neue Rheinbrücke ist riesig groß. Das siehst Du am besten an den Männern, die mit ihren weißen Helmen auf der Spitze stehen. Wie kleine Ameisen wirken sie dagegen! Sie warten darauf, daß die Stahlbrücke den TRENNPFEILER erreicht, wo sie an eine schon fertige Spannbetonbrücke stößt. Daran hängen eins, zwei, drei, vier, fünf Firmenschilder. Oder? Der Opa kann nicht 'mal zählen, es sind ja nur vier! Vier verschiedene Baufirmen haben sich hier zu einer ARBEITSGEMEINSCHAFT zusammengetan, um sich die Arbeit zu teilen und die Brücke gemeinsam zu bauen. Eine davon kennst Du schon – welche?

Jetzt machen wir uns mal ganz klein und laufen in das Bild!

Aber Vorsicht! Siehst Du das rot-weiße Kreuz? Dort liegen Schienen, die zu einer Fabrik führen. BAHNÜBERGANG! Weißt Du noch? Auf Seite 9? Aufpassen! Aber es kommt nichts. Und so laufen wir 'rüber, an den blauen Schirmen und den Fahrrädern vorbei, und biegen links ab, wo ist links? Richtig, unter der Brücke durch! Auch wenn die so bedrohlich in der Luft hängt – die fällt schon nicht runter! Dafür haben die Stahlbauingenieure schon gesorgt! Und was sollen wir dort? Ich will Dir 'was zeigen: Dort hinter der Brücke liegt das BETONWERK, wo unsere Liefermischer herkommen! Nur noch ein paar Schritte!

So, da liegt es! Im älteren Teil, links, können wir gut erkennen, was alles dazugehört:

Eine UFERMAUER, wo die Schiffe anlegen können; ein HAFENKRAN, der Sand und Kies aus den Schiffen herausholt und an Land auf große Haufen, die HALDEN,

schmeißt; ein FÖRDERBAND, das Sand und Kies schräg nach oben in den MISCHERTURM bringt; am Turm 4 große Röhren, die SILOS, wo verschiedene Sorten Zement aufbewahrt werden – nur den Mischer selber, wo alles zusammengerührt wird, kann man schlecht erkennen. Rechts, der orangefarbene Turm, ist der modernere Teil. Wenn wir jetzt noch auf die andere Seite fahren, können wir uns aus der Nähe ansehen, wie gerade ein LASTKAHN entladen wird, und wie die Liefermischer unter den Turm fahren, damit sie mit Beton vollgefüllt werden.

10. Kapitel: Der neue Überbau

Jetzt wird es arg kompliziert! Deshalb brauchen wir zuerst einmal eine gute Zeichnung, den SCHALPLAN. Schau ihn Dir mal gut an!

Die neue Brücke soll ein Stück höher liegen als die alte, deshalb muß die Schalung auf viele, viele Stelzen gelegt werden, sie wird AUFGESTÄNDERT. Der Boden besteht aus Gitterträgern längs und quer, auf die Schaltafeln genagelt werden. Die Seitenwände der Brücke bekommen oben einen Vorsprung nach außen, deshalb hat die äußere Schalung für die Wand unten einen kastenförmigen Bauch, damit diese Form richtig 'rauskommt. Die Schalung für die Innenseite der Wand ist mit einer schrägen und mit einer waagerechten Stütze ABGESTEIFT und an Gitterträgern aufgehängt, die auf der äußeren Schalung aufliegen. Wie die fertige Brücke aussehen soll, ist an der Form der Schalung schon gut zu erkennen, siehst Du?

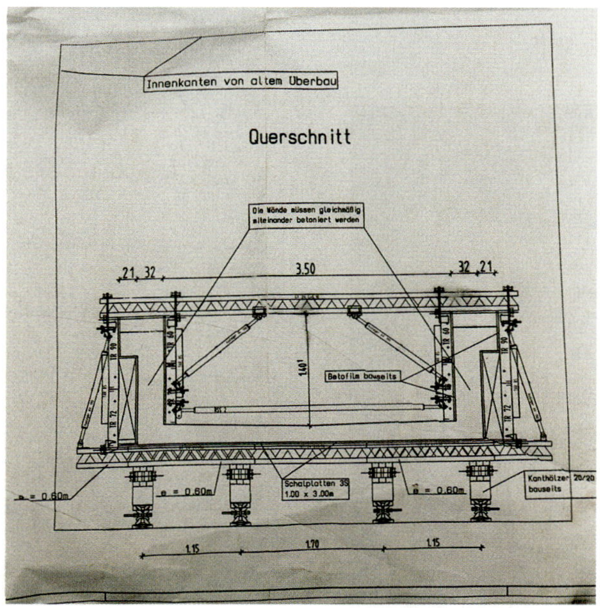

Jetzt wollen wir uns erst einmal in großen Zügen den BAUABLAUF ansehen, d.h. die Reihenfolge der wichtigsten Arbeiten. Auf jeden Querträger der alten Brücke (weißt Du noch?) werden eins, zwei, drei, vier Stützenfüße aus Stahl gestellt und darauf kurze Stücke von KANTHÖLZERN, so nennen die Bauleute die Balken. Auf die Kanthölzer werden zuerst in Längsrichtung Gitterträger gelegt, und weil einer allein zu schwach wäre, sind immer 3 Stück zusammengespannt. Darauf kommen Gitterträger in Querrichtung; die Enden sind auf dem unteren Bild gut zu sehen. Und obendrauf: Die gelben Schaltafeln als Boden.

Vor die Fachwerkträger der alten Brücke werden große Netze gespannt, mal weiß, mal grün, damit nichts auf die Schienen runterfallen kann. Die Brücke ist so lang, daß sie nicht in einem Stück betoniert werden kann, sondern in 5 BAUABSCHNITTE unterteilt wird. Für den ersten Abschnitt wird jetzt die schlaffe Bewehrung montiert – Du kannst die Sohle und die Wände schon erkennen. Danach werden in die Wände die silbrigen HÜLLROHRE eingeschoben, die den Platz für die Spannstähle frei halten sollen. Wieviele sind es? Richtig, 5 Stück. Dann wird die Schalung für die Wände aufgestellt.

Nachdem auch noch die Schalung auf der Innenseite der Wände aufgehängt und abgesteift worden ist, kann der erste Abschnitt betoniert werden. Siehst Du den "Rüssel" von der Betonpumpe? Diesmal ist er ganz steil gestellt, weil der Beton direkt vor der Pumpe eingebaut wird. – Zum Betonieren haben sich alle Leute versammelt. Der in dem karierten Hemd ist der POLIER, der sagt den anderen, was sie machen müssen. Jetzt dürfen wir die Leute natürlich nicht stören, aber wenn sie fertig sind, dann kraxeln wir auf die Brücke. Kannst Du balancieren? Dann gehen wir links über die BOHLE. Oder

wir nehmen rechts die Leiter und stellen sie ordentlich auf, daß sie nicht weg-rutschen kann. Na, was ist – rechts oder links? Egal wie – Hauptsache, wir kommen rauf! Denn jetzt wollen wir mal beobachten, was sie sonst noch machen, und ihnen etwas auf die Finger sehen!

Der erste ist ein ZIMMERMANN, der Holz verarbeitet. In der Hand hält er den typischen Zimmermannshammer, mit einer langen Spitze auf der linken Seite, und einer Kerbe zum Nagelziehen. Am Gürtel trägt er ein Gehänge mit einer blanken Öse; dort kann er den Hammer reinhängen, wenn er ihn

nicht gerade braucht. In einer Seitentasche stecken ein Stift zum Anzeichnen und ein "Meter"; das ist ein Maßstab mit vielen Strichen und Zahlen, den er auseinanderklappen kann. Damit mißt er an den Kanthölzern und Schaltafeln die Länge ab, die er gerade braucht, und sägt sie dann ab. Frag mal Deinen Papa, ob er auch einen "Meter" hat, und laß ihn Dir erklären!

Auf dem nächsten Bild siehst Du einen EISENFLECHTER – das heißt, ei-

gentlich siehst Du hier nur seine Schuhe, ein Hosenbein, seine Hand – und das Wichtigste: Seine Zange! Eine Beißzange, die aber etwas schmaler ist und längere Griffe hat. Damit und mit Bindedraht knüppert er die Eisen zusammen. Hier unten siehst Du noch einmal

einen anderen in voller Größe, wie er gerade ein Hüllrohr festbindet.

Und was macht der hier? Sieht ja so aus, als wollte er uns sagen: "Leck' mich doch am ..." na, Du weißt schon! Der muß den Boden von der neuen Brücke glatt-reiben, und darf auf den weichen Beton natürlich nicht drauftreten, weil es sonst tiefe Löcher gibt.

Neben dem Bauablauf gibt es noch eine Menge Einzelheiten zu bestaunen. Vielleicht sagst Du jetzt: "Die brauche ich nicht - ich will sowieso Eisverkäufer werden, da habe ich im Sommer was zum Lutschen und brauch' im Winter nicht zu arbeiten - oder Cowboy, da brauche ich Pferdeverstand, und keinen Ingenieurverstand" - wenn das so ist, dann kannst Du die nächsten Seiten überblättern. Wenn Du aber technisch interessiert bist und vielleicht selber schon etwas herumbastelst, dann solltest Du weiterlesen - oder lesen lassen. Zuerst noch ein bisschen von der Schalung.

Hier siehst Du noch einmal genauer die Unterkonstruktion, wie der Schalungsboden hochgelegt wird. Wenn alles abgedeckt ist, ein Paradies für Maulwürfe wie Dich zum Rumkriechen. Aber Du kommst als Rost-Wurst raus.

So sieht er aus, unser Maulwurfs-Park! Wir robben mal zum ersten Stützenfuß und sehen uns den aus der Nähe an! Aus dem Boden der alten Brücke gucken ganz viele NIETENKÖPFE raus – z. B. dort, wo die Zigarettenkippe liegt – aber liegen lassen! Nieten halten ähnlich wie Schrauben die Blechteile zusammen. Sie wurden mit Mörtel übergeschmiert, um eine glatte Fläche zu kriegen. Und weil der harte Stahlfuß auf dem harten Mörtel leicht wegrutscht, wurde ein Stück Brett als Polster dazwischen gelegt –

das "drückt sich hin". Wenn man die dicke Schraube festzieht, werden die beiden Seitenteile zusammen gezogen und drücken die Kopfplatte nach oben. So kann die Bodenschalung über jeder

Stütze genau auf die richtige Höhe geschraubt werden. Jetzt krabbeln wir aber besser wieder raus und nach oben. Wir werfen noch einen Blick auf die Schalungskonstruktion für den Boden und

für die Außenseite der Wand, und dann haben wir wirklich genug Holz gesehen! Nichts wie hin zu den Eisen!

Was Bewehrung ist, das weißt Du ja schon. Weil die kleine Betonbrücke die große Stahlbrücke tragen soll, wenn sie abgebaut wird, muß der Beton besonders stark bewehrt werden. Deshalb haben LKWs jede Menge von Eisen auf die Baustelle gebracht und abgeladen.

Viele sind noch stahlgrau, wie sie aus dem Werk kommen; andere haben schon etwas herumgelegen und sehen bräunlich aus, weil sie leicht

angerostet sind. Aber dieser FLUGROST, der ihnen "angeflogen" ist, schadet nicht. Bei einem Schnupfen sagt die Mama wohl auch: "Der ist wie angeflogen!" Aber der schadet dann schon, weil die Nase dauernd läuft.

Wie soll ein Mensch die ganzen Eisen auseinanderhalten?! Da sind lange und kurze, gerade und gebogene....

Nun, alle Eisen, die dieselbe Dicke, dieselbe Länge und dieselbe

Form haben, gehören zu einer POSITION. Sie werden zu einem Bündel zusammengebunden und bekommen einen weißen Zettel mit einer Nummer. Diese Nummern stehen auch in der Zeichnung, so wissen die Arbeiter genau, wo jedes Eisen eingebaut werden muß. Ich zeige Dir das mal für die Wand der Brücke: Links – Du weißt doch sicher, wo links ist – ein Ausschnitt aus dem BEWEHRUNGSPLAN, und rechts die fertige Bewehrung "in Echt." Die Leute arbeiten noch daran, und vorn auf dem Boden liegen noch die ganzen abgeknipsten Enden von dem Bindedraht. Jetzt wollen wir uns aber noch die Arbeiten für die Sohlbewehrung ansehen.

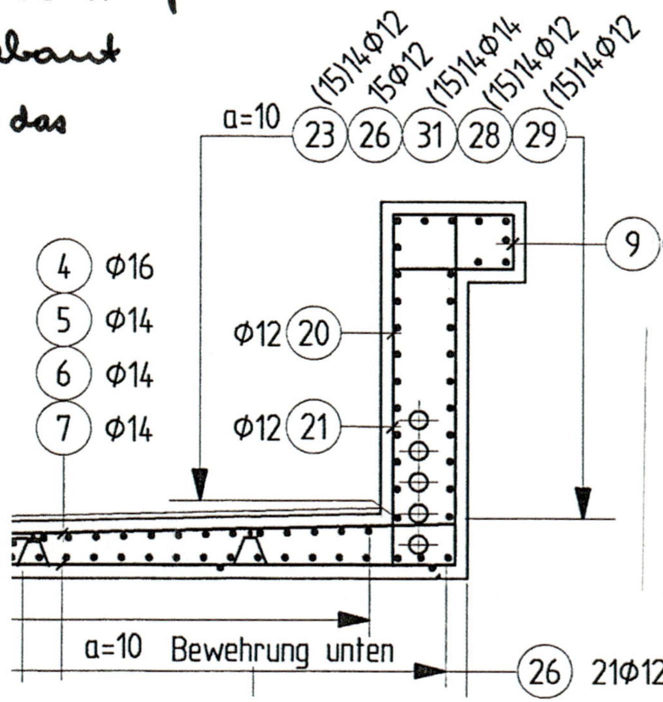

Gerade ist die unterste Lage fertig. Schau mal genau hin: Die Eisen liegen auf lauter kleinen BETONKLÖTZCHEN. Warum? Damit der weiche Beton auch unter die Eisen fließen kann und sie gegen Rost schützt. Die Eisen brauchen eine BETONDECKUNG gegen Rost, so wie Du im Bett eine Zudecke gegen Kälte brauchst, damit Du nicht frierst. Zwischen den Eisen und der Schalung muß immer ein kleiner Abstand für den Beton bleiben, deshalb heißen die Klötzchen auch ABSTANDHALTER.

Noch etwas ist auf den Bildern zu erkennen: DREIKANTLEISTEN, die auf die Schalung genagelt sind. Wozu die gut sind? Nun, wo Holz

ist, kann kein Beton hinfließen. So werden die Ecken abgeschrägt, oder, wie man sagt, die KANTEN GEBROCHEN.

Das hat zwei gute Gründe: Wenn Du beim Rumtoben nicht aufpaßt und knallst gegen so eine Kante, tut es nicht so weh; und wenn ein Arbeiter nicht

aufpaßt und knallt mit einem Eisenstück gegen die Kante, platzt der Beton nicht ab - denn das sieht dann ziemlich häßlich aus, so als wenn ein alter Steinbeißer den Beton angeknabbert hätte.

Jetzt werfen wir schnell noch einen Blick auf die ganze Brücke. Das sieht ja aus wie in Deinem Zimmer! Überall liegt etwas herum, was gebraucht wurde oder noch gebraucht wird!

An der linken Wand der Brücke können wir 3 Bauabschnitte erkennen: Vorn ist schon betoniert, in der Mitte ist eingeschalt, und hinten steht die Bewehrung.

Ein Blick nach oben: So sind die Gerüstrohre für die Netze am alten Fachwerk angeklemmt.

Ein Blick nach unten: Am Ende des ersten Bauabschnitts werden lauter Bretter zwischen die durchlaufenden Eisen gesteckt, damit der Beton nicht wegläuft.

Sind wir jetzt endlich fertig mit dem neuen Überbau? Nein, etwas Wichtiges fehlt noch: Die Vorspannung!

11. Kapitel: Die Brücke wird vorgespannt

Weißt Du noch, wozu Spannbeton gut ist? Ja? Dann wollen wir uns jetzt auf der Baustelle ansehen, was man alles braucht, um die neue Brücke vorzuspannen. Vorher müssen wir uns aber noch ihr Tragsystem ansehen. Das TRAGSYSTEM zeigt, wie der Überbau seine Lasten auf die Pfeiler und Widerlager abträgt. Die Sohle des Troges hängt an den Wänden. So braucht sie das Gewicht eines Spaziergängers oder eines Reiters mit seinem Pferd nicht weit zu tragen. Deshalb genügt in der Sohle eine schlaffe Bewehrung. Die Wände nehmen der Sohle das Gewicht ab und müssen es den weiten Weg über die Eisenbahn weg bis zum Pfeiler oder

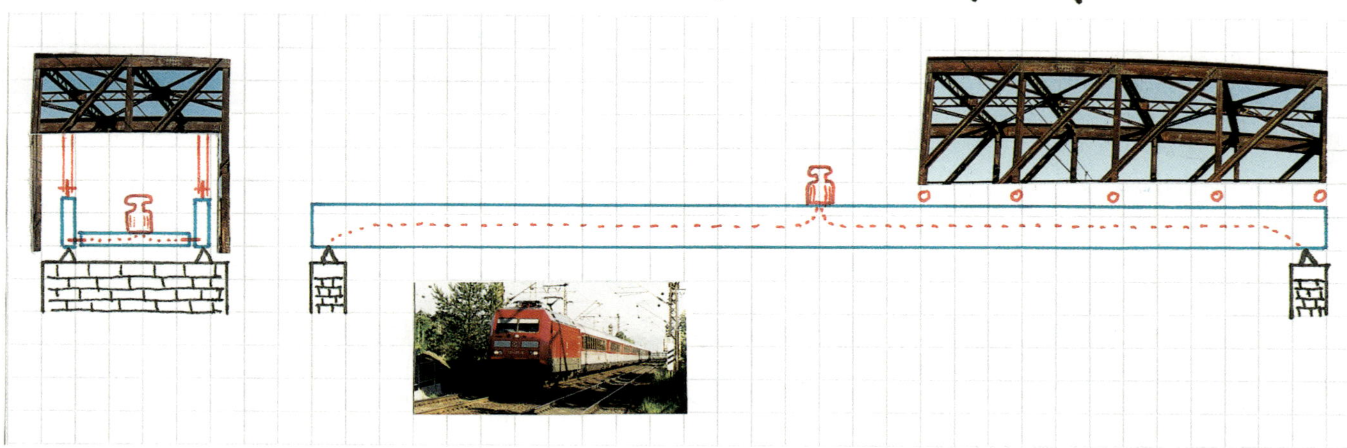

dem Widerlager hin weitertragen. Außerdem bekommen sie ja noch die schwere alte Stahlbrücke aufgeladen, wenn die rausgerollt wird. Deshalb müssen die Wände des Troges vorgespannt werden. Jetzt aber wieder ab auf die Baustelle!

Als Erstes sehen wir dort ein Bündel HÜLLROHRE, die im Beton den Platz für die SPANNGLIEDER (die "Schrauben") frei halten sollen. Sie werden zu ganz langen Rohren zusammengeschraubt. Jedes Rohr muß in einer ganz bestimmten Höhe liegen, das wird in der Statik ausgerechnet. Und deshalb

werden an die schlaffe Bewehrung zuerst Halter angeklemmt, und dann die Hüllrohre darübergeschoben. Das kannst Du auf der vorigen Seite schön sehen. Such' mal die Halter auf den Bildern! Noch etwas kannst Du dort sehn: Betonklötzchen als Abstandhalter für die Schalung der Wand.

Ja, und was liegt da rum? Damit Du das besser verstehst, blättern wir erst einmal zurück auf Seite 69 und sehen uns das Bild dort an! So wie der Kopf und die Mutter von der Spannschraube auf die beiden Enden des Balkens drücken, so drücken die ANKERKÖPFE der Spannglieder gegen die Enden der Trogwände. Damit der Beton dort nicht zerbröselt wie in der Prüfpresse, wird eine dicke, runde Stahlplatte einbetoniert. Der Beton könnte auch aufspalten, und deshalb wird ein gekringeltes Bewehrungseisen, eine WENDEL (wie eine

Wendeltreppe!) eingelegt. Wo später der Ankerkopf hinsoll, muß im Beton ein Loch bleiben, eine AUSSPARUNG. Dort wird Beton gespart und ausgespart. Dazu wird der weiße Klotz aus Styropor gebraucht. Und mit dem schwarzen Kunststoffrohr am rechten Ende wird alles an der Stirnschalung festgeschraubt, damit es nicht verrutscht. Hier unten siehst Du, wie alles fertig eingebaut ist (links), wie die ganze Geschichte nach dem Betonieren und Ausschalen aussieht (Mitte), und wie schließlich das schwar-

ze Rohr abgeschraubt und das Styropor rausgepopelt worden ist. – Popelst Du auch manchmal? Na? Mal ehrlich! Ich sag' es auch nicht weiter!

Jetzt können auch die Spannstähle in die Rohre geschoben werden. So sieht's aus, wenn's fertig ist.

Hier besteht jedes Spannglied aus sieben LITZEN. Jede Litze ist aus 7 Drähten zusammengedreht und sieht aus wie ein dikkes Stahlseil. Im ANKERKOPF, der dicken, glänzenden Stahlplatte, wird jede Litze mit 3 runden Keilen festgeklemmt.

Hier ist ein ganzer Eimer voll davon!

Wenn die Litzen erst einmal gespannt sind, drückt der Ankerkopf auf die einbetonierte Stahlplatte, und die KEILE halten die Litzen fest, daß sie nicht zurückrutschen – so wie Du einen Gummiring an beiden Enden festhalten mußt, wenn Du ihn spannst und in die Länge ziehst - damit er nicht wieder wegflutscht.

Ein Litzenbündel war nicht bis zum anderen Ende durchgekommen, deshalb haben die Leute das Bündel am LKW festgebunden, der ist zurückgefahren, und hat es

aus dem Rohr wieder rausgezogen. Jetzt müssen 3 Männer die Litzen einzeln wieder reinschieben.

Alles fertig! Und jetzt können wir die Litzen spannen. Aber womit? Diese Bündel von Stahlseilen in die Länge ziehen wie ein Gummiband?!

Nun, dazu gibt es HYDRAULISCHE PRESSEN. Im nächsten Kapitel werden die uns noch begegnen, und eine kennst Du auch schon: Die Prüfpresse auf Seite 65 und 66. Jetzt wollen wir uns erst einmal ansehen, wie die funktionieren. Das kannst Du sogar selber ausprobieren.

Leg' mal die leere Hülle von einem Luftballon so auf den Tisch, daß der Schnipsel zum Aufblasen über die Kante hängt. Dann leg' einen Pottdeckel oben drauf. Und jetzt blas' den Luftballon auf. Feste! Noch fester! Siehst Du, was passiert? Der

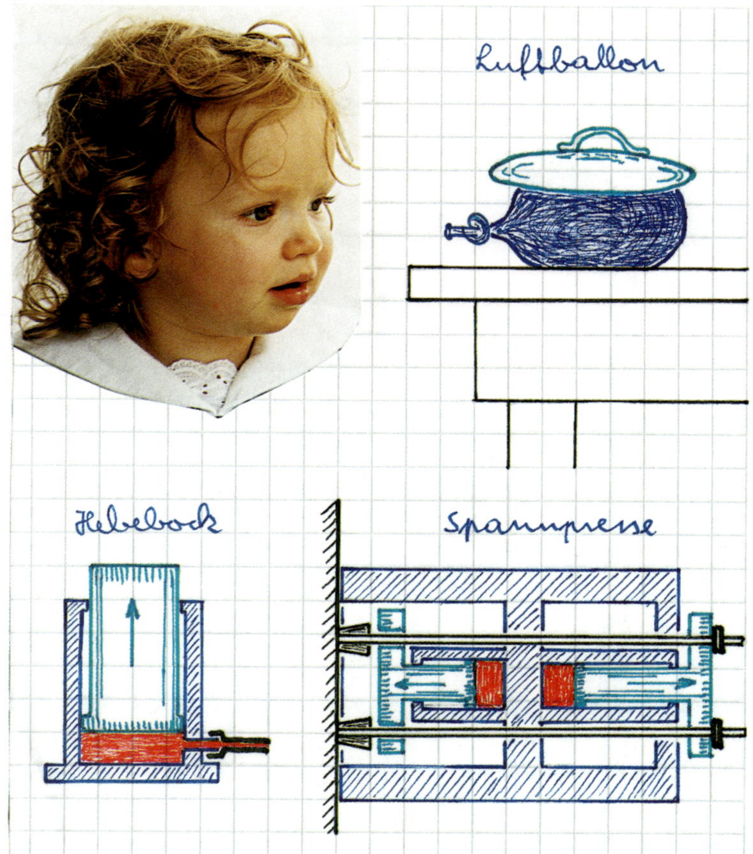

Luftballon wird immer dicker und hebt den Pottdeckel hoch – aber nur, wenn Du ihn richtig draufgelegt hast – sonst rutscht er runter und scheppert, daß die Mama es mit der Angst bekommt.

Genau so funktioniert ein Hebebock. Den sägen wir jetzt von oben nach unten durch, damit wir sehen können, was dort drin passiert.

Der Hebebock muß viel mehr aushalten. Deshalb hat er statt des Ballons eine Büchse aus dickem Stahl. In die Büchse wird auch keine Luft geblasen, sondern HYDRAULIKÖL gepumpt. Das kann mehr drücken als Luft.

Es drückt den Kolben nach oben, und weil man so große Lasten heben kann, z.B. ein Auto oder eine Lokomotive, heißt so eine Presse auch HEBEBOCK.

Jetzt kommt endlich unsere SPANNPRESSE an die Reihe. So sieht sie aus. In die 7 Löcher werden die 7

Litzen des Spannbündels eingefädelt, bis sie hinten wieder rauskommen. Die Spannpresse ist

so schwer, daß man sie an einen Autokran hängen muß, um sie anzuheben und hin und her zu schieben. Jetzt blätter noch mal zurück und sieh Dir die Zeichnung an!

Die Spannpresse hat nämlich 2 Pressen, das heißt 2 Pressenkammern mit Öl und 2 Kolben in ihrem Gehäuse. Am hinteren (rechten)

Kolben werden die Litzen festgeklemmt. Dann wird Öl in die Kammer gepumpt (die Schläuche kannst Du auf den Bildern gut sehen), der Kolben fährt aus und spannt die Litzen an. Den AUSZIEHWEG oder den HUB des Kolbens kannst Du gut erkennen, wenn Du die beiden Bilder vergleichst. Allerdings sind sie verdreht; hier ist der Kolben links, auf der Seite davor ist er rechts.

Jetzt braucht nur noch der andere Kolben ausgefahren zu werden, damit er die Keile im Ankerkopf fest anpreßt. Dadurch können die Litzen nicht mehr zurück und bleiben gespannt. Fertig! Die Presse wird abgezogen und in das nächste Spannglied eingefädelt. So einfach ist das.

Wenn alle Litzen gespannt sind, dann kann sich die neue Brücke

endlich selber tragen, "auf eigenen Lagern stehen", und braucht sich nicht mehr auf die alte

Brücke abzustützen – also kann die Bodenschalung 'raus! Und auch die Enden von den Litzen, die wir für die Spannpresse gebraucht haben, können jetzt abgetrennt werden.

Aber fertig sind wir damit noch nicht. Wenn Du vorher mal in die Spannkanäle reingeguckt hast, wirst Du gesehen haben, daß über den Litzen im Rohr noch viel Platz ist. Die Bauleute sagen dazu gerne: Da ist noch VIEL LUFT. Aber diese Luft ist hier ganz gefährlich, weil der gespannte Stahl besonders leicht rostet. Und dann kann sich eine Kerbe im Draht bilden, und der Draht reißt irgendwann durch. Es gibt dafür ein Fachwort, das Du Dir aber nicht unbedingt merken mußt: SPANNUNGS-RISS-KORROSION. Das ist aber schon ein Thema für Professoren. Wir wollen lieber dafür sorgen, daß es gar nicht dazu kommt. Wir jagen die Luft raus!

Aber wie? – In den grünen Säcken ist ein Spezialzement. Der wird im hinteren Topf mit Wasser zu einer weißen Brühe verrührt. Weil sie fast aussieht

wie Milch, wird sie auch ZEMENTMILCH genannt. Die läuft durch den dicken, schwarzen Schlauch in den vorderen Pott, den VORRATSBEHÄLTER. So wie die Mama immer einen Vorrat an Milch im Kühlschrank oder im Keller hat, so ist in diesem Topf ein Vorrat an Zementmilch. Von dort wird sie durch den dünnen, grauen Schlauch und das schwarze Röhrchen (vorige Seite!) in das Hüllrohr gepumpt und scheucht die Luft am anderen Ende von dem Hüllrohr nach draußen. Das ist aber sehr weit weg, und damit sich unterwegs keine Luftblasen im Rohr verstecken können, sind dort, wo sie sich am liebsten versammeln (am höchsten Punkt des Rohres), noch einmal die schwarzen Röhrchen als zweiter Ausgang. Wenn alle Luft aus dem Hüllrohr vertrieben ist, dann steigt die Zementmilch in dem Röhrchen hoch. Weil sie viel schwerer ist als Luft, bekommt das Röhrchen einen schweren Kopf und läßt ihn hängen. Auf der vorigen Seite siehst Du, wie ein Röhrchen sich verneigt. Damit zeigt es an: Die Luft ist raus! So wird ein Hüllrohr nach dem anderen AUSGEPRESST. Zum Schluß werden noch die Kammern mit den Ankerköpfen zubetoniert. Fertig! Oder? Nein, jetzt kommt noch etwas ganz Verrücktes!!

Dort, wo der neue, kleine Überbau den großen, alten Überbau tragen soll, liegt er an 3 Stellen auf: Dem alten Pfeiler, der neuen Doppelstütze, und dem alten Widerlager. Hier sehen wir die neuen Stützen auch zum ersten Mal, noch versteckt hinter einem Rohrgerüst, das eine Arbeitsbühne trägt, für den Abbau der alten Brücke. Gerade ist ein Zug vorbeigefahren.

Die neue Brücke ist so gebaut, daß sie das Gewicht der Radfahrer und Reiter tragen kann. Sie biegt sich dabei etwas durch (nicht so doll, wie das auf dem Bild gemalt ist), aber sie hält.

Das Gewicht der alten Brücke ist aber viel schwerer – so schwer, daß es die neue Brücke über der mittleren Stütze auseinanderbrechen würde. Also müssen wir sie dort zusammenklammern, verstärken, wenigstens so lange, bis der große, alte Überbau rausgefahren worden ist.

Und wie geht das? Durch eine EXTERNE VORSPANNUNG, durch Spannglieder, die außerhalb der Wände der Brücke liegen.

Dazu werden vor und hinter der kritischen Stelle Stahlträger in die Wand einbetoniert, die später wieder

abgebrannt werden. Auf den Trägern hat sich Regenwasser gesammelt, das in der Nacht gefroren ist – so kalt ist es geworden. Siehst Du die Spannstähle neben den Betonwänden? Sie sind am vorderen und am hinteren Stahlträger verankert und helfen, daß die Brücke nicht zerbricht. Du kannst auch schon sehen, wie die alte Brücke abgestützt wird.

12. Kapitel: Die alte Brücke wird abgebaut

Hast Du schon mal gesehen, wie an einem Auto ein Rad gewechselt wird? Das Auto steht auf 4 Rädern. Neben jedem Rad ist eine Stelle, wo man einen Wagenheber ansetzen kann. Damit wird das Auto so lange hochgekurbelt, bis das Rad in der Luft hängt. Dann kann man es auswechseln. Mit 4 Hebern könntest Du das ganze Auto hochheben.

Jeder von den beiden Stahlüberbauten steht mit 4 starken Pfosten auf seinen LAGERN. Aber er hat keine stabilen Punkte zum Anheben. Alle anderen Träger in der Nähe würden verbiegen oder zerreißen. Aber wenn wir die alte Brücke rausfahren wollen, müssen wir sie vorher anheben, weil sie sonst am Widerlager hängen bleibt. Deshalb brauchen wir "Henkel zum Anfassen", KONSOLEN aus Beton, die an den Pfosten so festgemacht sein müssen, daß

sie nicht abreißen können. Deshalb wurden Löcher in die Pfosten gebrannt (mit dem Schneidbrenner), und Bewehrungseisen durchgeschoben. Das siehst Du rechts auf dem Bild. - Und was soll der Stahlträger zwischen den Konsolen?

Wenn die Brükke "aufgebockt" ist, steht sie ganz wackelig in der Gegend rum und muß sich festhalten. Dazu wurde in die Mauer vom Widerlager ein riesiges Loch gebohrt, mit der gelben Bohrmaschine (links), die von dem blauen Ständer gehalten wird. Hinten

siehst Du einen BOHRKERN, den sie herausgeschnitten hat. Dazu sitzt an der Bohrmaschine ein Kernbohrer. Der hat unten am Rand ganz harte Zähne, damit frißt er sich durch die Mauersteine durch. In dieses Loch wird der Stahlträger einbetoniert und gibt der Brücke Halt. Aber wie kommt er dort hin?

Ein großer Autokran hebt den Stahlträger vom LKW. Er hat einen TELESKOPMAST, das heißt, der Mast besteht aus mehreren Stücken oder SCHÜSSEN, die bei der Anfahrt zur Baustelle inein-

andergeschoben sind wie russische Puppen. Auch viele Autoantennen kannst Du so zusammenschieben und wieder auseinanderziehen. Der Kran hat hier den Mast auf seine volle Länge ausgefahren. Wieviele Schüsse es sind, kannst Du gut erkennen, weil auf jedem in weißer Schrift der Name der Kranfirma steht. Zähl' mal!

Wie der Träger gehoben wird, das wissen wir jetzt. Die ganze Brücke zu heben, das ist schwieriger. Aber vorher noch eine Frage: Wie hebst Du denn nach dem Essen Deinen vollen Bauch die Treppe rauf? Das sehen wir uns zuerst an! Du setzst den einen Fuß auf die erste Stufe und stemmst Dich hoch. Dann setzst Du den anderen Fuß auf die zweite Stufe und stemmst Dich mit dem anderen Bein hoch, und so immer weiter, links, rechts, links, rechts, bis Du oben bist. Der Brücke müssen wir erst "Beine machen", damit sie

höher steigen kann, und zwar 8 Beine, weil sie so schwer ist, zwei an jeder Ecke. Das sehen wir uns jetzt an einer Ecke an: Zuerst wird eine Presse als linkes Bein unter die Betonkonsole geschoben – siehst Du sie dort links im Dunkeln, die blaue Presse mit dem weißen Schild? Dann wird sie ausgefahren und die Brücke ein Stück hochgestemmt. Jetzt kann das Lager ausgebaut werden, genau

wie das Rad beim Auto. Wo das Lager war, kommt als rechtes Bein eine zweite Presse hin. Und weil die Brücke schon ein Stück angehoben ist, können wir unter die zweite Presse 2 Platten legen. Das ist unsere erste Stufe. Die Platten sind aus Beton. Damit sie unter dem großen Druck der Presse nicht zerplatzen, ist ein Stahlring

außen rum. An dem Ring sind 2 Henkel angeschweißt, damit man die Platten heben und aufstapeln kann. Jetzt die rechte Presse ausfahren, links Platten stapeln, und so weiter, bis die Brücke dort ist, wo sie hin soll, fast einen Meter höher als vorher. Wie hoch das ist, siehst Du hier auf den zwei Bildern: Erst waren die Stahlbrük-ke und die Betonbrücke etwa gleich hoch, und jetzt ist die Stahlbrücke viel höher.

Und jetzt? Jetzt können wir die alte Brücke auf die neue abstützen, rausziehen, zerlegen und wegfahren. Wie? Blätter mal um!!

Quer über die Brücke werden Stahlträger gelegt, die sich mit 2 Beinen auf die Wände der neuen Brücke abstützen. Unter den Füßen haben sie "Rollschuhe", WÄLZLAGER, die

in Stahlträgern als Schienen laufen. Außen werden die Fachwerkträger der alten Brücke aufgehängt, wie an einem Kleiderbügel. An dem letzten Bügel sind 3 SEILROLLEN und Stahlseile festgemacht. Damit wird die alte Brücke vom Pfeiler weg und zum Widerlager hin gezogen.

Mach' mal eine Schnur an Deiner Spielzeugkiste fest, geh' ein Stück weg, setz Dich auf den Boden, und zieh! Was passiert? Kommt die Kiste zu Dir, oder rutschst Du mit dem Po über den Boden zur Kiste hin? Wenn Du etwas Schweres ziehen willst, brauchst Du festen Halt. Deshalb ist der SEILZUG für die alte Brücke am Ende der neuen Brücke verankert. Er arbeitet

HYDRAULISCH, das heißt, eine hydraulische Presse zieht das Seil mit der Brücke heran. Auf dem Boden steht die Pumpe, die das Hydrauliköl durch die beiden Schläuche in die Pressenkammer drückt. Dadurch verschiebt sich der Kolben und zieht das Seil. Ein Stück ist der alte Überbau schon weggezogen. Die Betonkonsolen waren zu schwer

und wurden schon vorher abgetrennt. Der Boden der alten Brücke würde am Auflager der neuen

Brücke hängen bleiben, deshalb muß immer erst ein Teil abgebrannt werden, bevor die Brücke wieder ein Stück weitergezogen werden kann. Auch die neue Brücke steht vorläufig noch auf einem Plattenstapel und einer Presse (an jeder Ecke), damit die Rollbahn hoch genug liegt.

Gleich hinter der Brücke, auf der Straße, werden die Stahlprofile des Fachwerkträgers zerlegt – den Schneidbrenner kennst Du ja schon, blätter mal zurück auf Seite 59! Die Trägerstücke werden in große Behälter aus Stahl gepackt und mit einem besonderen Lastwagen zum Schrottplatz gefahren.

Vor dem Behälter stehen noch 2 Endpfosten mit ihren "Henkeln" aus Beton.

Die müssen mit einem Preßlufthammer abgebrochen werden, und danach kannst Du noch einmal

sehen, wie die Bewehrungseisen durch Löcher im Stahlprofil durchgeschoben worden sind, damit sie den Beton mit dem Stahlträger fest verdübeln.

Es dauert nur ein paar Tage, dann ist der kleine Fachwerkträger ganz verschwunden, und die neue Brücke ist zu sehen. Nur links am Rand sind noch 2 Stahlträger zu ahnen. Aber der große überbau ist noch da, ganz rechts.

Wollen wir uns den noch einmal ansehen, so lange es noch geht? Ja? Aber heute ist ein Mistwetter, es schneit und regnet, außerdem pfeift ein kalter Wind!
Ich weiß was! Wie wir die Brücke ganz gemütlich besichtigen können! Im Zug!

Manche Züge werden von der Lok geschoben. Dann ist vorn im ersten Personenwagen ein Steuerstand für den Lokführer. Und wenn wir Glück haben, können wir ihm über die Schulter sehen, wenn nämlich die Tür aus Glas ist. Elf Uhr zwölf ab Ladenburg fährt so ein Zug. Schnell zum Bahnhof und einsteigen! Siehst Du? Der könnte aber mal wieder wischen!

Aber zu Weihnachten soll er schon abgebrochen und verschwunden sein – so wie nach Heilige Drei Könige vom Weihnachtsbaum der ganze Schmuck wieder abgeräumt wird, damit er am Samstag auf die Straße gestellt und eingesammelt werden kann. Deshalb machen sich die Leute an die Arbeit.

Heute scheint die Sonne, und wir klettern noch einmal auf den großen Stahlüberbau. Sieht er nicht toll aus mit dem Schnee? Richtig weihnachtlich!

Zuerst wer-
den wieder
die Stütz-
konstrukti-
onen mon-

tiert und
die "Roll-
schuhe"
unterge-
schnallt;
hier kannst
Du sie mal
richtig
aus der Nähe
sehen.

und dann kom-
men die Leute
mit den Schneid-
brennern und

trennen den Boden
ab, damit der Über-
bau auch über
das Widerlager
und die neue Dop-
pelstütze rüber-
kommt.

Wir gehen mal unter die Brücke und schauen rauf. Siehst Du, wie die Funken fliegen, dort wo der Schneidbrenner arbeitet? Schon fehlt ein Stück vom Boden der alten Brücke, und bald ist er ganz weg, und Du siehst die neue Brücke zwischen den Fachwerkträgern der alten.

Aber immer schön unter dem Gerüst bleiben, falls ein Träger runterfällt!! Der Opa hätte fast einen abgekriegt.

Und jetzt werden die Fachwerkträger Zug um Zug rausgezerrt: Am 2. Advent ist das Ende fast noch über seinem alten Lager; am 3. Advent ist es schon in der Mitte zwischen seinem Mauerpfeiler und den neuen Doppelstücke angekommen, und am 4. Advent hat es fast das Widerlager erreicht. Nur ein kleines Stück ist noch übrig. Der blaue Kran lädt die abgebauten Trägerstücke auf Lastwagen, dann werden sie zum Schrottplatz gefahren und weiter zum STAHLWERK. Dort werden sie in einem großen Ofen geschmolzen, so wie das Fett in der Bratpfanne schmilzt, nur ist die Hitze viel, viel größer. Aus dem geschmolzenen Eisen werden vielleicht Bleche für neue Autos gemacht, oder Schienen für die Eisenbahn. – Manchmal holt sich auch ein Künstler Teile aus dem Schrott und baut daraus Figuren, so wie diesen Vogel, der in Ladenburg steht, wo der Opa wohnt. Dahinter, das rote Haus, ist ein FACHWERKHAUS, von dem ich Dir

am Anfang mal erzählt habe – weißt Du noch? Guck mal auf Seite 15!

Schau Dir mal diesen abgetrennten Trägerstumpf an: Sieht das nicht aus wie beim Bleigießen zu Silvester? Die Bauleute machen jedenfalls jetzt erst einmal Urlaub und feiern, von Weihnachten bis Heilige Drei Könige, und dazwischen:

Das Jahr 2000!

13. Kapitel: Die neue Brücke wird abgesenkt, fertiggestellt und eröffnet

Nach dem Urlaub kommen die Leute wieder zurück auf die Baustelle, denn so kann die neue Brücke ja nicht bleiben! Ein Reiter auf seinem Pferd kann vielleicht von der Straße auf die Brücke raufspringen, und auf der anderen Seite wieder runter, aber für die Radfahrer wäre das doch sehr, sehr mühsam!

Außerdem fehlen noch: Die Lager, die Übergangskonstruktion, die Handläufe (das ist eine Art von Geländer – die Leute müssen nicht etwa auf Händen über die Brücke laufen), die Schutzwände, vielleicht noch ein Belag .... aber das sehen wir uns alles noch schön der Reihe nach an.

Vorher wollen wir aber die Bohlen von der Straße zur Brücke rauflegen und hochbalancieren. Die alten Überbauten sind weg, die Schutzwände noch nicht da:

Die beste Gelegenheit, sich einmal die Züge anzuschaun, die so unter der Brücke durchfahren. Wenn wir uns auf die linke Seite stellen, sehen wir sie von Mannheim heranfahren, und wenn wir schnell auf die rechte Seite rüberspringen, während sie unter der Brücke durchfahren,

sehen wir sie in Richtung Heidelberg davonfahren. Alle haben die Lok vorne und den Steuerwagen hinten. Wenn sie am letzten Bahnhof ihrer Strecke angekommen sind, fahren sie wieder zurück; dann ist der Steuerwagen vorn und die Lok hinten. Denn fast alle Züge sind REGIONALBAHNEN (RB), sie bleiben in der Region, in der Umgebung.

Ich habe Dir hier eine Karte von Deutschland aufgeklebt. Jeder schwarze Punkt ist eine große Stadt. Eine Regionalbahn fährt zum Beispiel von Mannheim nach Frankfurt. Sie hält unterwegs an jedem kleinen Ort und braucht deshalb für die Strecke 1 1/2 Stunden. Dann fährt sie wieder zurück. Von morgens, wenn Du aufstehst, bis abends, wenn Du wieder ins Bett gehst, kann der Zug viermal hin und wieder zurückfahren. Ein INTERCITY (IC) fährt in derselben Zeit beispielsweise von Seefeld (ganz unten) bis Münster. Inter ist lateinisch und heißt "zwischen"; City ist englisch und heißt "Stadt". Früher, als die Leute noch richtig deutsch gesprochen haben, hießen solche Züge "Schnellzug", weil sie nur in den großen Städten halten und von Mannheim bis Frankfurt weniger als eine Stunde brauchen.

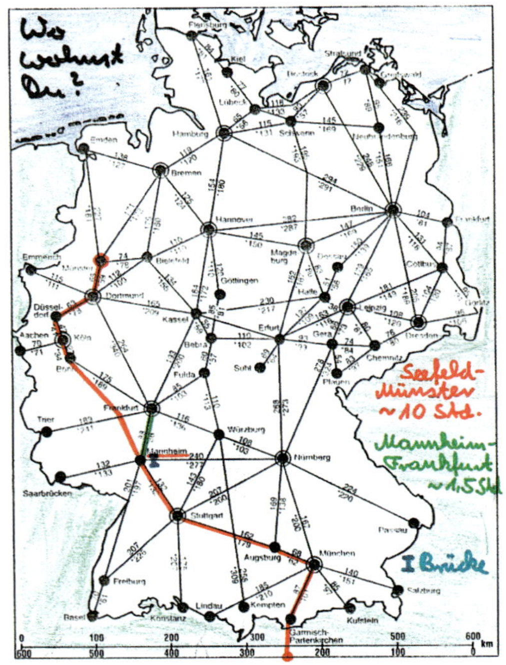

Jetzt aber schnell wieder 'runter, denn die neue Brücke soll endlich abgesenkt werden. Das geht genau so, wie die alte Brücke gehoben wurde, Stufe für Stufe – das heißt, etwas anders ist es doch!

Die alten Stahlüberbauten haben immer nur eine Öffnung überbrückt, sie waren EIN-FELD-TRÄGER.

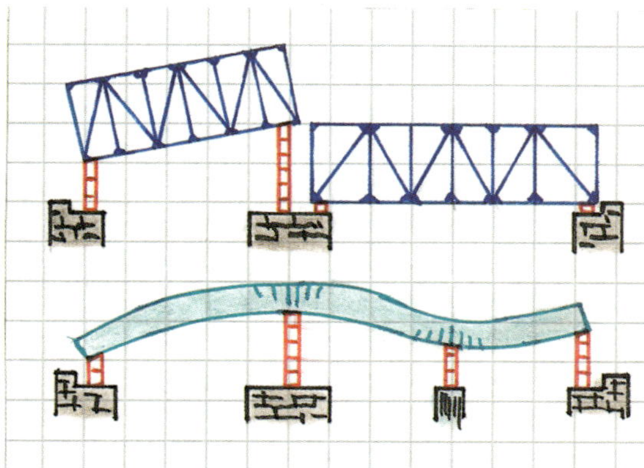

Wenn sie an einem Ende etwas höher angehoben wurden als am anderen, haben sie sich schief gestellt. Aber das macht ihnen nichts aus, denn sie bleiben dabei gerade.

Aber die neue Brücke geht über drei Öffnungen durch: Sie ist ein DURCHLAUFTRÄGER, oder genauer: Ein DREIFELD-TRÄGER. Wenn die nicht an allen vier Auflagen gleich abgesenkt wird, dann wird sie krumm, wie ein Regenwurm, und das nimmt sie übel, und sie bekommt Risse im Beton. Auch wenn die Unterschiede so klein sind, daß man sie mit dem bloßen Auge gar nicht sehen kann. Deshalb muß an allen Stellen genau gemessen werden. Und alle Pressen müssen so gesteuert werden, daß sie gleichmäßig runtergehen.

Dazu werden Meß-
bänder zwischen
den Unterbauten
und dem Boden
der Brücke gespannt.
In dem gelben Ge-
häuse sitzt eine
Rolle. Wenn die Brük-
ke ein Stückchen
runtergeht, wickelt
sie das Band auf,
daß es stramm bleibt.

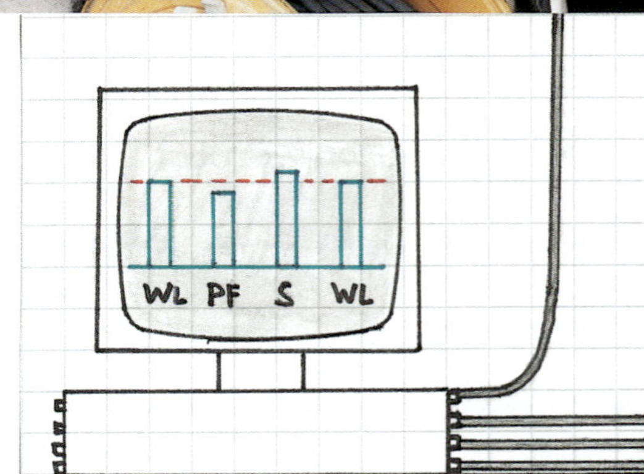

In dem schwarzen Käst-
chen steckt ein Meßgerät. Das zählt die Löcher in
dem Band, die vorbeikommen, und schickt das
Ergebnis durch ein Kabel an einen Rechner. Dort

laufen alle MESSSIGNALE zusammen, werden vom RECHNER ausgewertet, und auf einem BILDSCHIRM als Säulen aufgezeichnet. So kannst Du mit einem Blick sehen, wie tief die Brücke noch abgesenkt werden muß, und ob sie noch gerade ist.

Wenn eine PRESSE noch zu hoch steht (an der Stütze S) oder zu tief abgesackt ist (am Pfeiler PF), kann man sie gleich NACHFAHREN, das heißt

auf die richtige Höhe bringen, noch ehe der Beton reißen will.

Wie das geht? Mit dieser großen Pumpe! Der gelbe Blechkasten mit dem Firmenschild ist voller Hydrauliköl. In dem Kasten sitzt auch die Pumpe, die von dem schwarzen Elektromotor über dem Kasten gedreht wird. Sie drückt das Öl durch die gelben Stahlrohre und die schwarzen Schläuche in die Pressen, und holt es zurück.

Wollen wir zugucken, wie die Brücke abgesenkt wird? Das ist aber leichter gesagt als getan, denn das geht nur, wenn keine Züge fahren. Die einzige

ZUGPAUSE, etwa 2 Stunden lang, gibt es in der Nacht vom Sonntag auf den Montag. Wir müssen also aus dem warmen

Bett krabbeln, uns anziehen, zur Baustelle fahren, und das letzte Stück durch den finsteren Wald laufen. Du willst trotzdem mitkommen? Also dann nichts wie los!

Alles dunkel auf der Baustelle! Sind wir etwa die Ersten? – Nein, dort im Container mit den Werkzeugen brennt Licht. Der Polier ist schon da und sucht in den Regalen die Scheinwerfer zusammen. Zuerst taucht die neue Stütze mit ihrem Gerüst aus der Dunkelheit auf. Nach und nach werden alle Arbeitsplätze angeleuchtet, der letzte Zug fährt durch, und dann kann es losgehen! Wir legen uns jetzt aber erst einmal wieder auf's Ohr. Am Morgen, wenn es wieder hell ist, sehen wir, was sie geschafft haben.

So furchtbar viel ist es noch nicht – daran war die Zugpause einfach zu kurz. So müssen die armen Bauarbeiter nach einer Woche und auch nach zwei Wochen noch einmal eine NACHTSCHICHT machen, bis die Brücke endlich ihre SOLLAGE erreicht hat, also die Höhe,

wo sie am Ende liegen soll. Inzwischen sind auch die Lager auf die Baustelle gebracht worden, die "Füße" für den Überbau, und zwar ELASTOMERE-LAGER. Der Name kommt von dem schwarzen, gummiartigen

Block aus Elastomere zwischen den Stahlplatten. Schau mal nach links, dort siehst Du den Einbau! Die untere Platte ist schon in den AUFLAGERSOCKEL einbetoniert. Zwischen der oberen Platte und dem Boden des Überbaus ist aber

noch Luft. Der Spalt zwischen der Platte und dem Beton wird mit einem Rahmen aus Styropor abgedichtet, der aussieht wie ein Bilderrahmen, damit nichts rauslaufen kann. Oben auf der Brücke wird aus Wasser und einem Pulver ein dünner Brei angerührt, die VERGUSSMASSE. Der Polier hat genau über dem Lager in den Boden 2 Löcher gebohrt. Mit einem kleinen Plastikbecher gießt er vorsichtig die trübe Brühe in das eine Loch - so lange, bis sie aus dem anderen Loch wieder rauskommt. Jetzt kann er sicher sein, daß der Zwischenraum satt ausgefüllt und keine Luftblase drin geblieben ist. Nach 3 Tagen wird die Soße so hart, daß die Brücke endlich auf ihren eigenen Füßen stehen kann. Zum Schluß werden alle Pressen ausgebaut, so wie man eine Krücke wegstellt, wenn das Bein in Gips war, jetzt aber wieder heile ist. (Die Svenja ist aus jedem Urlaub mit einem Gipsbein nach Hause gekommen, weil sie als Kind so wild war - wie ist das bei Dir?)

Ein Gipsbein kannst Du jetzt gar nicht brauchen, wenn wir über die Brücke laufen wollen, denn dort tut sich jetzt auch eine Menge: Die Pfosten für die SCHUTZWAND, den sogenannten Pinkelschutz, werden

montiert! – Du lachst? Das ist gar nicht so zum Lachen! Du weißt doch, daß Du nicht an die Steckdosen fassen darfst, weil Du sonst einen Stromschlag kriegst, der Dich zerreißt. In den Fahrdrähten fließt ein noch viel stärkerer Strom, weil er die Lokomotiven antreiben muß, die die langen Züge ziehen. Und dann gibt es so übermütige, dumme kleine Jungs, und sogar betrunkene, saudumme große Männer, die von der Brücke pinkeln und versuchen, den Fahrdraht zu treffen! Wenn ihnen das gelingt, dann fährt ein so gewaltiger Blitz durch den Pinkelstrahl in den Bauch, daß er völlig verschmort, wie ein Stück Brot, das zu lange im Toaster war und kohlrabenschwarz herauskommt.

Damit so etwas nicht passieren kann, dafür wird die Schutzwand auf die Betonwand gesetzt. Die blauen Pfosten werden auf Stahlplatten geschweißt, die mit vier Eisen im Beton verankert sind. So können sie nicht umfallen.

Und was die vielen gelben Stangen sollen, ob die Bauarbeiter in der Frühstückspause ein Hopsspiel machen? Nein, die sind froh, wenn sie sich in der Pause mal hinsetzen und etwas ausruhen können. Das sind TELESKOPSTÜTZEN. Damit bei der Montage der Pfosten nichts auf die Gleise fallen kann, wurde vor der Betonwand ein grünes

FANGNETZ gespannt. Es liegt auf einem Arm aus FLACHEISEN, das oben abgebogen und unten festgeklemmt ist, da-

mit es nicht selber runterpurzelt. Kannst Du erraten, wo die Trägerstummel in der Betonwand herkommen? Richtig, externe Vorspannung, Seite 104! – Jetzt schaun wir uns die Stützen noch etwas näher an! Wenn Du an dem grauen Ring mit den Griffen drehst, dann wird das silbrige Rohr aus dem gelben Rohr rausgeschraubt, so lange, bis die beiden Enden links und rechts gegen die braunen Träger und gegen die Betonwände drücken, und so die unteren Enden der Flacheisenrahmen einklemmen. Ein gelbes Maßband zeigt an, wie lang die STREBE ist. Unsere ist 3 Meter und 35 Zentimeter lang.

An manchen Pfosten ist die Ecke der Betonwand ausgebrochen und muß saniert werden. SANIEREN heißt nichts anderes als heile machen oder ausflicken – aber es hört sich besser an.

Hat Dein Papa eine Werkbank? Dann hat er bestimmt auch SCHRAUBZWINGEN. Auf der vorigen Seite siehst Du ein Riesenexemplar. Damit haben die Arbeiter ein Schalbrett gegen die Wand geklemmt und die fehlende Ecke mit einem Spezialmörtel "drangepappt". Der Mörtel muß gut am alten Beton HAFTEN, das heißt: festkleben, damit er nicht gleich wieder abfällt. Das ist gar nicht so einfach. Wenn Du später mal nicht weißt, was Du werden willst, dann werde doch einfach Sanierer auf dem Bau! Das hört sich nach was an, Du kannst den ganzen Tag rummanschen, und: Du wirst ganz bestimmt nie arbeitslos!!!

Wie gut, daß wir uns die ganzen Züge schon vorher angeschaut haben, denn jetzt werden die PLEXIGLASSCHEIBEN an die Pforten geschraubt, und wenn Du runtergucken willst, mußt Du Dir die Nase plattdrücken!

wird und die Treppe, die Container, das Scheiß-häusel und das Firmenschild endlich wie-der weggeräumt werden! Die Arbeitsgerüste an den Unterbauten sind schon weg, aber oben auf der Brücke wird noch gearbeitet. Es fehlt noch die ÜBERGANGSKONSTRUKTION. Aber was ist das schon wieder?

Die Bäume werden wieder grün – jetzt ist schon ein Jahr vergangen, seit die alte Brücke gesperrt wurde; das ist so lange wie von einem Weih-nachten bis zum nächsten! Höch-ste Zeit, daß die neue Brücke fertig

Warst Du schon einmal in einem alten Holzhaus und hast gehört, wie es darin knistert und knackt? "Das Holz arbeitet", sagt man. Auch unsere Betonbrücke "arbeitet". Im Winter, wenn es lausig kalt ist, zieht sie sich zusammen und wird ein Stückchen kürzer – so wie Du in einem kalten Bett die Beine anziehst. Und wenn es im Sommer so richtig heiß wird, dann dehnt und

streckt sie sich. Deshalb muß zwischen dem Ende der Brücke und der Straße ein Spalt bleiben. Nun könnte man aber im Dunkeln reintreten und sich die Haxen brechen! Deshalb muß ein Übergang geschaffen werden.

Das könnte zum Beispiel ein Stahlblech sein, das mit einem Ende am Boden der Brücke angeschraubt wird, und mit dem anderen Ende auf der Straße hin und her rutscht.

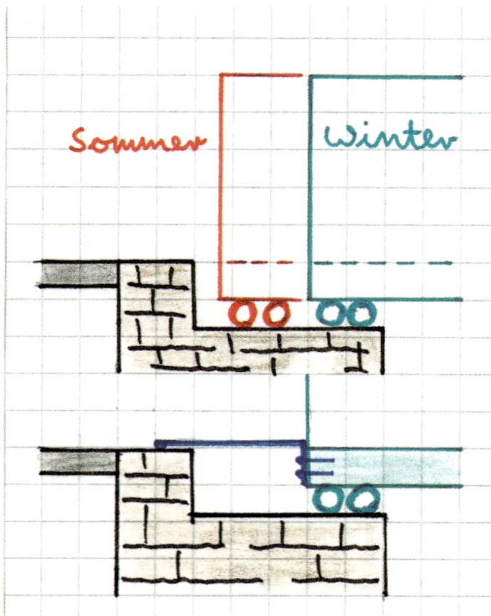

Hier wurden aber auf beiden Seiten Blechschienen am Boden angeschraubt, einbetoniert, und dann eine dicke Gummiwurst dazwischen gelegt, die sich im Sommer zusammendrücken und im Winter auseinanderziehen läßt.

Jetzt fehlt als letztes nur noch der BELAG. Die ganze Reiberei (auf Seite 80) hat ihren Zweck nicht erreicht: Der Boden ist sehr rauh geblieben, und vor allen Dingen: Er hat Dellen, in denen nach einem Regenguß das Wasser stehen bleibt und Pfützen bildet. Diese Stellen wurden mit roter Kreide markiert und müssen zugeschmiert werden. Dann muß der Beton aber trocken sein. Deshalb wird Gas aus der Flasche durch einen Schlauch in das schwarze

Rohr geleitet und angezündet. Die Flamme ist nicht so heiß und scharf wie beim Schneidbrenner, aber sie macht den Betonboden schnell trocken – wie der Fön Deine Haare!

Damit der Belag gut haftet und von den Pferdehufen nicht gleich wieder abgetreten wird, muß der Betonboden ganz sauber sein. Deshalb wird er abgeschmirgelt – aber nicht mit Schmirgelpapier, das wäre zu mühsam. Nein, er wird gesandstrahlt. Der kasten-

förmige Anhänger hinten im Bild ist eine riesige Luftpumpe, ein Kompressor. Er saugt Luft an und preßt sie mit großem Druck in den roten Zylinder. Dort wird Sand beigemischt, und aus der Düse, die aussieht wie ein Feuerwehrschlauch, zischen Luft und Sand auf den Betonboden und raspeln ihn sauber. Hat Deine Mama Dich schon mal mit einer Wurzelbürste abgeschrubbt? So ist dem Beton jetzt zumute! Es staubt so sehr, daß der Bauarbeiter einen Schutzanzug und einen Schutzhelm tragen muß – sieht er nicht aus wie ein Astronaut?

und der Baukaufmann macht Kassensturz. Bezahlt der Bauherr (die Leute von der Eisenbahn) mehr Geld, als die Firma für den Bau der Brücke gebraucht hat? Dann macht er Gewinn. So soll es eigentlich sein. Aber war der Preis schlecht, oder ist bei den Arbeiten etwas schief gelaufen, dann legt er drauf.

Zum Schluß wird ein dünner Belag aus einem Kunststoffkleber und Sand aufgestrichen und glattgezogen – wie Butter auf Knäckebrot. Siehst Du die hellen Krater von den ersten Pferden, die drübergelaufen sind? – Die letzten Unterlagsplatten werden abgefahren,

Holzwegsteg endlich begehbar

Ab 26. Mai in Seckenheim frei für Fußgänger und Radler

Seckenheim. Am Freitag, 26. Mai, wird in Seckenheim die neue Holzwegbrücke, eigentlich mehr Holzwegsteg – eine Stahlbeton-Konstruktion, wieder für den Verkehr freigegeben: Allerdings nur Fußgänger, Radler und Reiter. Sie gehen laut Mitteilung der Stadt Mannheim über einen Steg, dessen Bau, einschließlich aller Nebenkosten, rund 1,5 Millionen Mark teuer war.

Die ehemalige Holzwegbrücke, 1903 von der Reichsbahn gebaut, musste 1998 wegen des äußerst schlechten Zustands ihrer Stahlkonstruktion, der nicht von der Stadt zu vertreten war, abgerissen werden. Die Stadt war 1994 auf Grund einer Gesetzesänderung in den Besitz dieser Baulast gekommen, deren Belastungsklasse schon damals bereits mehrfach herabgesetzt worden war. Zuletzt durften nur noch Fahrzeuge bis 2,8 Tonnen Gesamtgewicht die Holzwegbrücke benutzen. Da diese Einschränkung jedoch nur wenig beachtet wurde, musste das Bauwerk im Mai 1997 vollständig für den Kraftfahrzeugverkehr gesperrt werden. Lediglich Passanten, Radler und Reiter durften noch darüber.

Nach Abbruch der alten Brücke wurde der Bau des neuen Fußgängerstegs ausgeschrieben. Den Zuschlag als preisgünstigster Bieter erhielt damals die Firma Bilfinger+Berger.

Über ein Jahr zogen sich die Bauarbeiten hin, weil betriebliche Vorgaben und Sicherheitsvorschriften der Deutschen Bahn AG kein kontinuierliches Arbeiten ermöglichten. So konnte ein Großteil der Arbeitsgänge nur an Wochenenden in kurzen Zugpausen während der Nachtzeit abgewickelt werden. zg/-et-

Zum Abschluß gibt es für alle, die an der Brücke mitgearbeitet haben, ein Essen: Kartoffelpüree, Kraut, Kassler – und jede Menge Bier, aus dem Bilfinger-Bembel, einen großen Krug mit dem Firmenzeichen. Und die Zeitung berichtet. Zwei ganz dicke Fehler sind drin, vielleicht findest Du sie ja. Den Zeitungsleuten kannst Du die Technik noch so genau erklären – sie werden sie nie richtig begreifen!

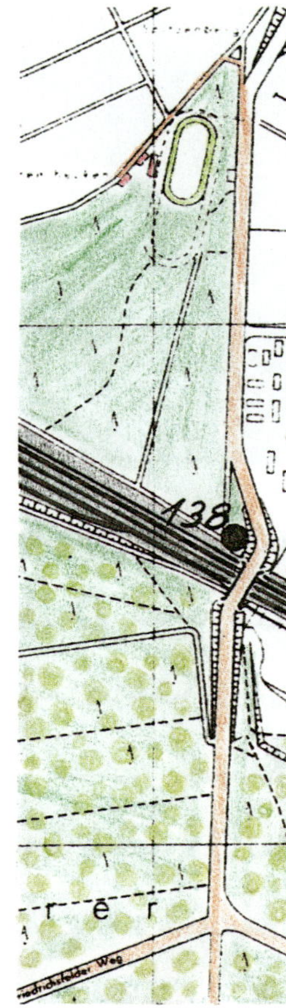

Endlich können nun die Reiter von ihren Stallungen an der Pferderennbahn auf der einen Seite der Eisenbahn über die Brücke in den

Den Pferden ist nämlich die alte Brü-
cke, die ganze Geschichte von dem Um-
bau, und die neue Brücke
schiet-e-gol!!!

schönen, großen Wald auf der anderen Seite haben. Kei-
ner von ihnen hat auch nur einen Schimmer, wie-
viel Wissen und Kopfzerbrechen der Ingenieure im
Büro, und wieviel Können und Anstrengung der
Leute auf der Baustelle dazu nötig war. Aber Du
weißt es jetzt natürlich. Hat es Dir denn Spaß
gemacht? Oder geht es Dir wie den Reitpferden??

Ausklang

Geschafft! Jetzt sind Sie durch – oder gehören Sie zu den Leuten, die zuerst ganz hinten nach dem Täter suchen? Dann will ich Sie nicht enttäuschen. Hier ist er: Als frischgebackener Ingenieur, und nach der Verabschiedung, auf Brücken-Bauarbeiten-

Besichtigungs-Bereisung. Was machen Sie jetzt mit dem Buch? Stellen Sie es in ein Regal, um es einmal jährlich abzustauben und dem Kaufpreis nachzutrauern? Oder wollen Sie bei Gelegenheit noch mal 'reinschauen? Dann finden Sie hier noch ein Register der Kapitel und Begriffe (mit Seitenzahlen). Ich aber packe jetzt endlich den "Ruhestandskoffer" aus, den mir die Kollegen zum Abschied geschenkt haben

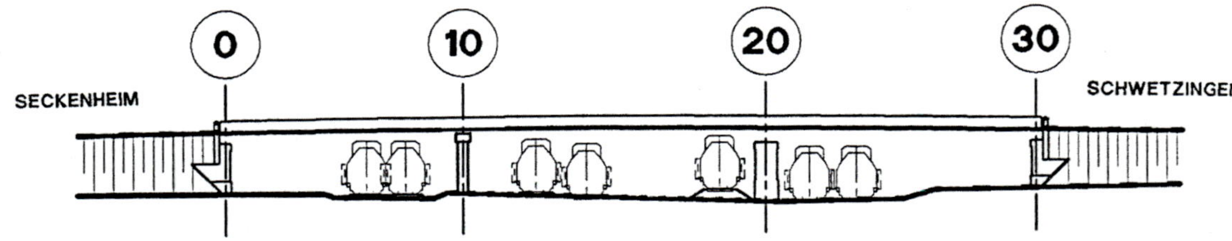

0
10
20
30
SECKENHEIM
SCHWETZINGEN

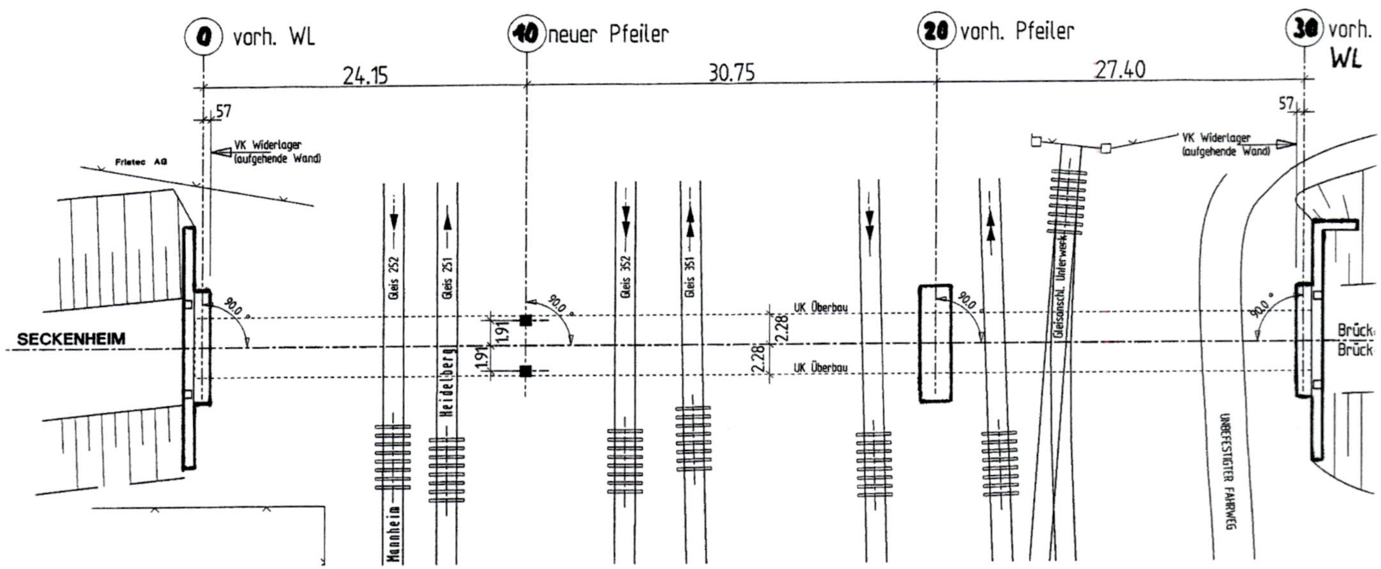

0 vorh. WL
10 neuer Pfeiler
20 vorh. Pfeiler
30 vorh. WL
24.15
30.75
27.40
57
57
VK Widerlager (aufgehende Wand)
VK Widerlager (aufgehende Wand)
Frietec AG
SECKENHEIM
Gleis 252
Gleis 251
Gleis 352
Gleis 351
Mannheim
Heidelberg
1.91
1.91
2.28
2.28
UK Überbau
UK Überbau
90.0
Gleisanschl. Unterwisk
UNBEFESTIGTER FAHRWEG

Inhalt

Was war das doch noch?

Alles klar?

Na denn:

Tschüß!

Ich möchte nicht versäumen, Herrn GRAVERT, dem Projektleiter im Technischen Büro, und Herrn MARCINEK, dem Leiter der Arbeiten auf der Baustelle, für ihre Unterstützung und Auskunftsfreudigkeit herzlich zu danken!

Ladenburg, 2. Juni 2000

H. G. Schmidt